养殖7日通丛书

蜂产品与健康 7日通

第二版

罗岳雄　陈黎红　主编

U0314564

中国农业出版社

图书在版编目（CIP）数据

蜂产品与健康 7 日通/罗岳雄，陈黎红主编 . —2 版 . —北京：中国农业出版社，2011.4
（养殖 7 日通丛书）
ISBN 987 - 7 - 109 - 15474 - 2

Ⅰ.①蜂… Ⅱ.①罗…②陈… Ⅲ.①蜂产品－基本知识 Ⅳ.①S896

中国版本图书馆 CIP 数据核字(2011)第 026862 号

中国农业出版社出版
（北京市朝阳区农展馆北路 2 号）
（邮政编码 100125）
责任编辑 何致莹 黄向阳

中国农业出版社印刷厂印刷 新华书店北京发行所发行
2011 年 5 月第 2 版 2013 年 5 月第 2 版北京第 2 次印刷

开本：850mm×1168mm 1/32 印张：5.875
字数：139 千字 印数：5 001～10 000 册
定价：13.80 元
（凡本版图书出现印刷、装订错误，请向出版社发行部调换）

第 二 版 编 著 者

主　编　罗岳雄　陈黎红
编　者　罗岳雄　陈黎红　张学锋
　　　　赵红霞

第一版编著者

主　编　罗岳雄　陈黎红
编　者　罗岳雄　陈黎红　张学锋

序

　　中国是历史悠久的养蜂大国，更是蜂产品生产的大国，但有关蜜蜂和蜂产品的知识还不够普及。主要是因为我们在这方面的科普宣传还不到位，广大消费者看到和听到的往往是广告式的宣传，不系统、不全面。近几年，虽有一些有关蜂产品知识的科普书籍问世，但我总觉得还远远不够。在我接触的一些消费者中，往往提一些很"有趣"的问题就可以说明这一切。他们问我：蜂蜜是不是蜜蜂吃了花后排泄出来的东西呀？蜂王浆是不是从蜂蜜中提炼出来的呀？等等。让我哭笑不得，更让我自责！说明我们的蜜蜂科普工作还做得很不好！

　　好了！经过作者的努力，又一本科普读物——《蜂产品与健康7日通》，以通俗明快的语言，严谨科学的态度，把有关蜜蜂和蜂产品的知识奉献给了我们，我为之高兴，为之祝贺！

　　该书的作者都是我国蜂业界的佼佼者，他们积10多年科研、开发、宣传之经验，几易其稿，为我们介绍了有趣的蜜蜂知识和蜂产品的来源、成分、功效、食用、保存以及鉴别方法等。我相信，消费者一定能从中感受到"蜜蜂王国"的无限情趣！

　　近年，日本医药界、营养保健品及蜂业界学者提出"替代医疗"理念，即采取正确的生活方式和食用天然食品是避免疾病、减少医疗费用的最佳途径。蜂蜜、蜂王浆、蜂花粉、蜂胶等蜜蜂产品是天然食品，它们不是"药"，不能作为"药"来使用，但其"替代医疗"的作用越来越明显，其中酶的活性作用、高浓度糖的杀菌性能、丰富的维生素、微量元素以及有机酸等对于人体的消化系统、免疫系统、神经系统、皮肤及眼睛等都具有显著的医疗效果。我赞成这一理念。让我们从这一理念中得到启示！我相信，只要我们坚持食用蜂产品，一定会给我们带来青春、美丽、健康、长寿！

祝《蜂产品与健康7日通》成功出版！

中 国 养 蜂 学 会 理事长　张复兴

中国农业科学院蜜蜂研究所　原所长

第二版前言

　　蜜蜂是人类的朋友，是一种有益的经济昆虫，人类饲养蜜蜂的历史悠久。由蜜蜂所产生的产品，叫蜂产品，都是具有保健和美容功能的天然食品，对很多疾病有一定治疗的辅助治疗的作用，是大自然对人类健康的奉献，是人类不可多得的长寿因子。

　　早在远古时代，人类已经了解到蜂产品的功效，几千年以来，蜂产品的应用一直长盛不衰，已成为人类永恒的保健食品。在全世界，不分年龄、性别、种族、宗教信仰，人人都适于食用，蜂产品的应用范围越来越广泛。

　　随着社会经济的发展，生活水平的提高，人类对健康和长寿的渴望日益迫切，返璞归真，追求天然已成时尚，作为纯天然的、有"绿色食品"之称的蜂产品，就自然地成为人们保健的首选。为了让蜂产品更好地为人类健康服务，有大力普及和推广蜂产品知识的必要。

　　本书从科学的角度，着重于向消费者介绍各种蜂产品基本知识，提高消费者对蜂产品的认识，科学地利用蜂产品，充分发挥蜂产品的保健功能，促进蜂产品的消费和提高消费的健康水平。本书介绍了各种蜂产品的来源、成分、功能、食用和保存方法等，着重于科学性、知识性和实用性，适于消费者和经营者了解和推广蜂产品知识之用。

　　本书第一版于 2003 年出版，受到各界朋友的欢迎。鉴于读者给我们提出了很多宝贵意见，而且文中引用的标准已修订，因此有必要对本书进行修订，力争以更新、更全、更好的内容，奉献给读者。

我们衷心祝愿，奇妙的蜂产品，能给您带来青春、健康、长寿！

本书在编写过程中，得到了国家现代农业产业技术体系的大力支持，在此致谢！

作　者

2010 年 6 月

第一版前言

　　蜜蜂是一种有益的经济昆虫，人类饲养蜜蜂的历史已很悠久。由蜜蜂产生的产品，对人类很多疾病都有一定的治疗和辅助治疗作用，是具有保健和美容功能的天然食品，是大自然对人类的恩赐，是人类不可多得的长寿因子。

　　早在远古时代，人类就已经了解蜂产品的作用。几千年以来，蜂产品得到越来越广泛的应用，已成为人类永恒的保健食品，不同年龄、性别、种族、宗教信仰的人都适宜食用。

　　随着社会的进步，经济的发展和生活水平的提高，人们日益重视健康、渴望长寿。作为纯天然、属"绿色食品"的蜂产品，就自然地成为人们保健的重要食品。为了普及和推广蜂产品知识，提高消费者对蜂产品的认识，科学地食用蜂产品，让蜂产品更好地为人类健康服务，本书较全面地介绍了各种蜂产品的来源、成分、功能、食用和保存方法等，力求科学性、知识性和实用性，供消费者和经营者参考。

　　我们相信，奇妙的蜂产品能给您带来青春、健康、长寿！

　　本书错误和不妥之处，敬请读者指正。

作　者

2003 年 10 月

目　录

序

第二版前言

第一版前言

第一讲　蜜蜂 ································· 1

一、辛勤的劳动者——工蜂 ················· 1

二、蜂群的母亲——蜂王 ················· 3

三、蜂群中的"花花公子"——雄蜂 ········· 4

四、自然界最伟大的建筑师 ··············· 5

五、蜜蜂的采集活动 ····················· 6

六、蜜蜂的种类 ························· 6

七、蜂产品与人类健康 ··················· 7

第二讲　蜂蜜 ································· 9

一、蜂蜜的来源 ························· 9

二、蜂蜜的分类 ························· 12

三、蜂蜜的理化性质 ····················· 12

四、蜂蜜的神奇功效 ····················· 21

五、蜂蜜对机体的生理效应 ··············· 23

六、蜂蜜在保健和临床上的应用及特种蜂蜜的功效 ········ 24

七、蜂蜜在制药、饮料和其他行业上的应用 ········ 27

八、蜂蜜的使用和保存 …………………………………… 28

九、蜂蜜的加工 …………………………………………… 29

十、蜂蜜在保健和治疗上的应用和配方 ………………… 29

十一、关于蜂蜜几个问题的释疑 ………………………… 32

第三讲 蜂王浆 ……………………………………………… 34

一、蜂王浆的来源及人工生产方法 ……………………… 34

二、蜂王浆的理化性质 …………………………………… 36

三、蜂王浆的种类及质量的简单感官鉴别 ……………… 41

四、蜂王浆作用的发现与对生物体神奇的效应 ………… 42

五、蜂王浆的生理和药理作用 …………………………… 48

六、蜂王浆在临床上的应用 ……………………………… 53

七、蜂王浆在化妆品上的应用 …………………………… 61

八、蜂王浆及其制品 ……………………………………… 61

九、蜂王浆的使用方法 …………………………………… 63

十、蜂王浆的保存方法 …………………………………… 64

十一、关于使用蜂王浆的一些问题 ……………………… 65

第四讲 蜂花粉 ……………………………………………… 67

一、蜜蜂花粉的来源 ……………………………………… 67

二、花粉的应用史 ………………………………………… 68

三、蜂花粉的种类 ………………………………………… 70

四、蜂花粉的形态、理化性质及化学成分 ……………… 71

五、蜂花粉的感官检验 …………………………………… 76

六、蜂花粉的神奇效应 …………………………………… 77

七、蜂花粉的生理和药理作用 …………………………… 78

八、蜂花粉在临床上的应用 ……………………………… 83

九、蜂花粉在美容上的应用 ……………………………… 89

十、蜂花粉在体育运动上的应用 ………………………… 90

十一、蜂花粉在饲养业上的应用 ·················· 91

十二、蜂花粉在地质勘探上的应用 ·················· 92

十三、蜂花粉的加工方法简介 ·················· 92

十四、蜂花粉制品 ·················· 94

十五、蜂花粉的服用方法 ·················· 95

十六、蜂花粉的贮存 ·················· 96

十七、蜂花粉释疑 ·················· 96

十八、蜂花粉应用实例及配方 ·················· 99

第五讲　蜂胶 ·················· 100

一、蜂胶的来源 ·················· 100

二、蜂胶在蜂群里的作用 ·················· 101

三、蜂胶的历史 ·················· 102

四、蜂胶的理化性质 ·················· 104

五、蜂胶的简单感官鉴定 ·················· 106

六、蜂胶的神奇效应 ·················· 106

七、蜂胶的生理作用 ·················· 108

八、蜂胶的临床应用及效果 ·················· 112

九、蜂胶在美容化妆品上的应用 ·················· 115

十、蜂胶在其他行业上的应用 ·················· 115

十一、蜂胶的加工和蜂胶制品 ·················· 116

十二、蜂胶的使用和保存 ·················· 117

第六讲　蜂巢和蜜蜂躯体 ·················· 119

一、蜂巢 ·················· 119

二、蜜蜂躯体 ·················· 129

第七讲　蜂毒 ·················· 141

一、蜂毒的来源 ·················· 141

二、蜂毒史话 ·················· 142

三、蜂毒的理化性质和化学成分 ·········· 143

四、蜂毒的神奇效应 ·············· 145

五、蜂毒的药理和生理作用 ············ 147

六、蜂毒的安全性 ··············· 149

七、蜂毒的临床应用 ·············· 150

八、蜂毒制品 ················· 153

九、蜂毒治疗的一些问题 ············ 153

附录 ····················· 155

一、无公害食品　蜂蜜　NY5134—2008 ····· 155

二、无公害食品　蜂王浆与蜂王浆冻干粉
　　NY5135—2002 ·············· 157

三、无公害食品　蜂花粉　NY5137—2002 ···· 158

四、无公害食品　蜂胶　NY5136—2002 ····· 159

五、蜂蜜　GB18796—2005 ·········· 161

六、蜂王浆　GB9697—2008 ········· 166

七、蜂胶　GB/T 24283—2009 ········ 167

主要参考文献 ················· 169

结束语 ···················· 170

第一讲

蜜　蜂

—— 神秘的女儿国,人类健康使者

本讲目的

了解蜂群的组成及蜂产品的概念。

□□□□

提起蜂产品,人们就会想起蜜蜂,总是感到很神秘,其实,蜜蜂这种小生灵,既充满神秘,又有种种动人的情趣。现在,就让我们去撩开蜜蜂王国神秘的面纱,探索蜜蜂王国奥秘。

蜜蜂是一种营群体生活的昆虫,一群蜜蜂由成千上万只蜜蜂组成,就像一个王国。在这个王国里,公民们既有分工又有合作,和睦相处,工作和生活井然有序。

一群正常生存的蜜蜂,通常由一只蜂王、几千到几万只工蜂和在繁殖季节才出现的几十到几百只雄蜂组成。由于占蜂群个体数量99%以上的工蜂和蜂王,都是雌性蜜蜂,因此,蜜蜂王国可以说是个名副其实的"女儿国"。

一、辛勤的劳动者——工蜂

在春暖花开季节,百花丛中,小蜜蜂时而飞翔,时而落在花朵上采蜜,这种我们常见的蜜蜂就是工蜂。在蜂群里,工蜂的个体最小,数量最多。工蜂是生殖器官发育不完善的雌性蜂,它们是蜂群内一切工作（如哺育、采集、清洁和保卫等）的承担者。就是工蜂，把百花丛中的点点花蜜辛勤采集起来，奉献给人类，人类所能得到的蜂产品都来自于工蜂的劳动。一群蜂，就是由成千上万只工蜂组成的大家庭，在这个家庭里，它们彼此分工合作，每只工蜂都不知疲倦地辛勤劳动着。有趣的是工蜂能按不同的日龄进行分工，按其负担的职能不同，我们人为地可把工蜂分为幼年蜂、青年蜂、壮年蜂和老年蜂。

1. 幼年蜂　一般指刚出房（蜜蜂从蛹变成成蜂从巢房里出来，称为出房）到第六天的工蜂。初出房的幼蜂，身体嫩弱，3天内需由其他工蜂喂食，但小小年纪已担负着蜂群保温和清理巢房的重任，4天后，能担负调制花粉、喂养幼虫等工作。

2. 青年蜂　一般为出房6～17日龄的工蜂，此时工蜂的王浆腺已发达，其主要职能是分泌王浆喂养幼虫和蜂王，并开始重复飞出巢外，头部朝着蜂巢，进行认巢的试飞及排泄粪便（正常的蜜蜂，都是在飞行中把粪便排泄在巢外）。青年工蜂在第13～18天开始，蜡腺发达，能分泌蜡片，此时，它的主要职能是泌蜡筑巢、清巢和酿蜜等工作。

3. 壮年蜂　指17日龄后的工蜂。其主要职能是担负采集花蜜、花粉和水分等工作，也担负部分守卫工作，是蜂群中最主要的生产者。此时的工蜂，日出而作，日落而息，不知疲倦地在百花丛中采集花蜜和花粉。

4. 老年蜂　在夏季繁忙采集季节1个月后，在冬季和非采集季节2～3个月后，工蜂身上绒毛已磨损，呈现油黑光亮，就进入老年期，其主要任务是从事保卫和采水。

老年工蜂具有巨大的自我牺牲精神，当蜂群受到外敌入侵时，老年工蜂奋起迎击入侵者，当它用唯一的武器——螫针刺入敌人的体内时，它的腹部末端，会连同螫针一起，断留在敌人的体内而英勇献身。有时，当前来猎食蜜蜂的胡蜂等外敌入侵时，老年工蜂会奋不顾身地迎上去，让胡蜂咬住当美餐，为了保住年轻工蜂，老年工蜂勇敢地献出了自己的生命。当蜂群中缺乏食物时，为了蜂群的生存,这些老年工蜂不得不放下面子,去偷盗其他蜂群的贮蜜,而沦为"盗蜂"。它往往会被被盗群的工蜂所杀害。

老年工蜂预感生命将终了时，会飞离蜂巢,暴死荒野,这样可免除其他工蜂清除死尸之劳,保持蜂箱的清洁卫生。

工蜂的寿命一般为 1～3 个月,在夏天高温的繁忙采集季节,工蜂的寿命会更短些,在温度较低和非采集季节,工蜂的寿命会长些。除极少数工蜂是病死和被害外,几乎都是劳累而亡。

工蜂的一生，是勤劳的一生、奉献的一生,它生命不息,劳动不止,为了蜂群的生存,鞠躬尽瘁,死而后已。工蜂那勤劳、勇敢、无私奉献的精神,可歌可泣,人们在讴歌蜜蜂的同时,也应在蜜蜂精神中得到启示。

二、蜂群的母亲——蜂王

在蜂群里，有一只身长、体粗、腹大的蜜蜂，她就是蜂王。蜂王是蜂群的母亲,是蜂群中唯一生殖器官发育完善的雌性蜜蜂,她的职责就是专门产卵,繁殖后代。蜂王的周围有许多工蜂服侍着她,工蜂们随时分泌一种营养丰富的物质——蜂王浆饲喂蜂王;为蜂王梳毛清洁;蜂王在蜂群走动时,工蜂主动为她让路;当蜂群受到外来侵略时,工蜂就会把蜂王围在中间,保护起来。这一切显示,蜂王在蜂群中受到众蜂的高度爱戴和呵护。

蜜蜂的一生，要经历卵、幼虫、蛹和成蜂 4 个生长发育阶段。当蜂群繁殖到蜜蜂的数量很多时,蜜蜂就要"分家"(叫分群),在分家发生以前,蜂群会先培育出新的蜂王。首先由工蜂在蜂巢里造出专门供培育新蜂王用的"王台",老蜂王在工蜂的"胁迫"下,不情愿地在王台里产下受精卵。经过 16 天后,新蜂王就从王台里出来,叫"出房"。在新蜂王出房前夕,老蜂王会带领约一半的工蜂离开蜂群,另觅合适的地方,筑造新居,这就是"分群"。

新蜂王出房后，马上寻找其他王台，并把它破坏掉，把她的同胞姐妹杀死在王台里。有时，两只新蜂王几乎同时出台，那么，她们之间就会进行一场你死我活的搏斗，直到其中一只死亡为止，这就是一群蜜蜂为什么只有一只蜂王的原因。

出房后的处女王，一般在第三天开始，就外出飞翔。刚开始飞得不远，很快就回巢，主要是为了熟悉周围环境和锻炼飞翔能力，叫"试飞"。蜜蜂的交配是在空中飞行时进行的，经过数次试飞后，处女王就要进行交配飞行，叫"婚飞"。

处女王的婚飞，一般在风和日丽的午后进行。蜂王的婚礼，是蜜蜂王国的大事，非常隆重。很多工蜂停止了采集和酿蜜等工作，有些工蜂兴奋地围绕在蜂王周围，有些工蜂则趋向巢门口，排列成行，处女王在众工蜂的簇拥下走向巢门口，然后展翅腾空而去，有些工蜂还陪蜂王飞一段路程，欢送蜂王远行婚配。有部分工蜂在蜂王离开蜂巢后，聚集在巢门口，等候蜂王"度蜜月"归来。为了使蜂王回来时不迷路，有些工蜂还在巢门口，分泌出一种有特殊气味的激素，招引蜂王准确返回巢里。

蜂王把交配所获得的精子贮存在体内的贮精囊内，供一生产卵受精用。交配完毕后，除分群外，蜂王不再离开蜂巢外出。可以说，蜂王对爱情是忠贞不贰的。

蜂王交配回来后，工蜂马上给蜂王饲喂蜂王浆，蜂王的卵巢立即发育，腹部迅速膨大，第二天或第三天就开始产卵。蜂王的产卵能力是很惊人的，一只优良的蜂王，一昼夜能产2 000粒卵以上，比自身的体重还要重。

蜂王的寿命长达3～5年，是工蜂的10倍左右。

三、蜂群中的"花花公子"——雄蜂

在蜂群繁殖高峰季节，蜂群里就会出现一些身粗体壮，眼大色深的成员，数量在几十只到几百只不等，这就是雄蜂。雄蜂是由蜂王产下的未受精卵发育而成的，因此，它是有母无父的个体。

雄蜂在蜂群中没有任何劳动能力，只吃不做，游手好闲，上天给它的唯一使命就是与处女蜂王交配，因此，在蜂群中有"花花公子"之称。

在天气晴朗的午后，众多的雄蜂在天空一个特定的空域里集结，等待蜂王出现，与蜂王婚配。当蜂王出现时，雄蜂们蜂拥而起，疾飞追赶蜂王，以求一时之欢。但并非所有的雄蜂都有此艳福，因为蜂王飞行迅速，只有少数身强力壮的雄蜂才能追上蜂王，并与之交配。这是一种选优汰劣的自然选择方式，对蜜蜂种群保持优良的遗传性状具有好处。

蜜蜂的婚礼既隆重又悲壮，当交配完毕时，因为雄蜂的生殖器断折在蜂王的体内，雄蜂在幸福和快感中含笑死去。因此，雄蜂的婚礼和葬礼是同时举行的。

由于雄蜂对蜜蜂种群的繁衍起到不可缺少的作用，因此，在繁殖季节，雄蜂就是误入其他蜂群，可被其他蜂群的蜜蜂所接受，而工蜂误入它群，则有可能遭到杀身之祸！但在百花凋零、食物缺乏的季节，雄蜂的命运就不同了。由于雄蜂只食不做，且身粗体壮、食量数倍于工蜂，为了蜂群的生存，这时工蜂会毫不留情地把雄蜂驱赶出蜂巢之外，最后冻饿而死。这就是"花花公子"可悲的下场。

以上三型蜂在蜂群里各自发挥作用，共同维持着蜂群的生存和繁衍。

四、自然界最伟大的建筑师

蜜蜂的巢是由一个个呈六角柱形的巢房所组成。蜜蜂建造巢房的精巧技艺令人惊叹！它用的建筑材料最少、占用的面积最小，建造出的巢房体积最大而且最牢固。人类借用蜜蜂的建筑工艺，应用在现代的建筑学上和应用在工业生产上，如飞机的机身隔层，就是呈蜂房状。移动电话的基地站，也是呈蜂房状分布。

蜜蜂的巢，是由工蜂分泌的蜡片构筑而成，呈垂直片状，叫巢脾，在野生的自然条件下，一个蜂巢有巢脾几片到十几片，甚至更多。蜜蜂六角柱形的巢房就分布在巢脾的两侧。巢房是蜜蜂用来产卵育虫，繁育后代以及贮存蜂蜜和花粉等食物的地方。

五、蜜蜂的采集活动

春暖花开，天刚亮，蜜蜂就在花丛中采蜜。蜜蜂的生存和繁衍，都需要从外界取得各种各样的营养物质。这些物质主要靠蜜蜂在植物上采集的花蜜和花粉来获得。蜜蜂的主要食物——蜂粮，就是蜂蜜和花粉调制而成的。

成年的蜜蜂主要以蜂蜜为食，但幼虫和幼蜂则需要取食花粉，才能正常生长发育。此外，工蜂分泌王浆、泌蜡造脾时，也需要同时取食花粉和蜂蜜才能进行。因此，当蜂群的生命活动最旺盛的时候，蜂巢内必须有花粉和蜂蜜同时存在，才能满足蜂群的需求。

六、蜜蜂的种类

在昆虫世界里，在蜜蜂科、蜜蜂属下有 9 个蜜蜂种，但能被人类进行饲养利用的蜜蜂只有西方蜜蜂和东方蜜蜂两个种。在我国饲养最多的意大利蜂，就是西方蜜蜂的一个亚种；我国土生土长的中华蜜蜂（简称中蜂）就是东方蜜蜂的一个亚种。其中西方蜜蜂是在 20 世纪初从国外引进的，现在全国各地都有饲养，而且，因其生产性能好，现在已成为我国饲养的蜜蜂主要品种，占总量约 70% 以上。中华蜜蜂除新疆外，在全国各地都有分布，但以长江以南地区饲养为主。

不同的蜂种，其产生的蜂产品数量和种类不同。对西方蜜蜂来说，蜂蜜、蜂王浆、蜂花粉、蜂胶等产品都可进行商品性开发生产。对中蜂来说，因其王浆腺不如西方蜜蜂发达，分泌蜂王浆的量很少，因此，很难获得商品性的蜂王浆。中蜂的采集能力也不及西方蜜蜂，采集的花粉只能基本上满足本蜂群繁殖的需要，因此，也不能进行蜂花粉的商品性生产。中蜂还有不采集树胶的特点，因此，也就没有蜂胶的产品。

蜜蜂王国充满了神秘，也充满了情趣。通过养蜂，可使你其乐融融，颐养天年，而蜂产品可使你远离疾病、健康长寿！

七、蜂产品与人类健康

蜜蜂产品简称蜂产品，是指由蜜蜂在外界采集的、经蜜蜂加工而成的；或由蜜蜂本身分泌出来的物质和蜜蜂的躯体。

根据以上概念，蜜蜂产品可以分为三大类：

（1）由蜜蜂在外界采集的由蜜蜂加工而成的物质，如：蜂蜜、蜂花粉和蜂胶等。

（2）由蜜蜂本身分泌的物质，如：蜂王浆、蜂蜡和蜂毒等。

（3）蜜蜂自身的躯体，如蜜蜂幼虫（蜂王胎）、雄蜂蛹和成蜂的躯体等。

以上物质，经养蜂者的采集，就是可供人类食用的蜂产品。

从上述可见，所有的蜂产品都应该是天然的产品，离不开蜜蜂和植物，是不能用其他原材料人工生产的。

人类饲养蜜蜂已有几千年，了解蜂产品功效的历史也很悠久。在古埃及金字塔的方尖石上，就有用象形字记载着蜂蜜的食用和药用方法。在我国，对蜂产品的认识也可追溯到远古的年代。据考古学家查证，早在三四千年前的殷商甲骨文中就已有了"蜜"字的出现；在公元前 1～2 世纪所著的《神农本草经》已把蜂蜜列为药中上品；明朝医药学家李时珍在他所著的《本草纲目》中，也有蜂产品及其应用的记载。

生老病死，人之常情。长生不老，乃天方夜谭，但延缓衰老、减少疾病，蜂产品给人类带来了可能。蜂产品，是人类不可多得的长寿因子，是大自然对人类健康的奉献。

在 50 多年前，俄国生物学家尼古拉·齐金调查了全国 200 多位百岁以上的老人，了解他们长寿之道，结果发现了一个令人激动的现象，在这些长寿者中，有 143 人是养蜂人，有 43 人也

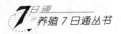

曾经养过蜂！

法国的科学家对1 000位养蜂人的死因进行调查，没有一个是死于癌症。美、英两国的有关专家经过反复调查核实，也几乎没有找到患过癌症的养蜂人，倒是发现一个淋巴组织恶性肿瘤患者，为了调节生活情趣，去饲养蜜蜂，结果身上的癌症奇迹般地消失了。

我国的医学和保健专家对长寿职业进行调查的结果显示：在10种长寿职业中，养蜂者排在第一位！

众多的科学家，在不同的地方、用不同的方法，经过多年的研究，终于探明：养蜂人不易患上癌症和长寿的奥秘，在于经常享用蜜蜂王国奉献的蜂产品。

小小的蜜蜂，为人类的健康长寿做出了伟大的贡献！

我国是个养蜂大国，无论蜂群数，蜂产品的产量，蜂产品的出口量，在世界上都排在第一位。据统计，我国现饲养的蜜蜂约有820万群，年产蜂蜜30万～35万吨，产蜂王浆4 000吨，产花粉3 000吨左右，蜂胶500吨左右。

我国生产的蜂产品，主要用于出口，国内人平均蜂产品消费水平还很低。据有关资料报道，日本、德国和美国等发达国家，人均蜂蜜消费量500～1 400克，而我国人均蜂蜜消费量才100克左右。为了提高国民的健康水平，应大力宣传蜂产品、提倡食用蜂产品、科学地使用蜂产品。

重点难点提示

1. 蜜蜂是个神秘的"女儿国"，一个蜂群是由一只蜂王、成千上万只工蜂和上百只雄蜂组成的，它们各有不同的分工，共同为了蜂群的繁衍和壮大而辛勤劳动，由蜜蜂生产的（包括由蜜蜂采集再通过自身加工的、蜜蜂分泌的及蜜蜂的躯体等）产品，叫蜂产品，都是对人类健康有用的纯天然食品。

2. 蜜蜂三型蜂的分工和蜂产品的定义。

第二讲

蜂 蜜

—— 大自然的奉献，人类甜蜜生活的源泉

本讲目的

了解蜂蜜的来源、蜂蜜的理化性质、对人的作用和使用、保存方法。

蜂蜜是人们最熟悉的传统蜂产品，也是蜜蜂最主要的产品。

一、蜂蜜的来源

蜂蜜是蜜蜂采集植物的花蜜或分泌物，经过蜜蜂充分酿造而贮存在巢脾里的甜物质。

上面这段话既是蜂蜜的概念，也讲明了蜂蜜的来源。可以看出，蜂蜜离不开蜜蜂、植物和蜜蜂的酿造，离开这几个条件就不能算是蜂蜜，所以蜂蜜是无法人造的。

1. 蜜源植物 养蜂人常说：追花逐蜜，这就是说有花才有蜜。要想了解蜂蜜的来源，就要先了解蜜源植物。

蜜蜂的食物来源，主要是从外界植物上采集回来的花蜜和花粉。在自然界种类繁多的植物中，能被蜜蜂利用的植物很多。凡能分泌花蜜供蜜蜂采集的植物叫蜜源植物，能产生花粉供蜜蜂采集的植物叫粉源植物，大多数的植物既有花蜜又有花粉。蜜粉源植物是蜜蜂生存的基础，也是养蜂者进行蜂蜜等蜂产品生产时的物质基础。

在蜜源植物里面，蜜蜂采集后只能维持本蜂群生存和繁殖的植物，叫辅助蜜源植物。蜜蜂采集后，养蜂者能收获到商品蜂蜜的叫主要蜜源植物。辅助蜜源植物对蜂群的繁殖起着很大的作用，主要蜜源植物是养蜂者取得蜂蜜的植物。

我国地大物博，南北气候差异大，四季明显，形成了多样的生态环境，使我国植物种类繁多，其中蜜源植物达5 000种以上，但能作为主要蜜源植物的只有几十种。

现将全国各区域的主要蜜源植物分布情况介绍如下。

东北：椴树、葵花、牧草等。

华北：枣树、荆条等。

黄河中下游：槐树、枣树等。

黄土高原：油菜、牧草、荞麦等。

新疆：油菜、棉花、山花等。

长江中下游：油菜、紫云英等。

华南：荔枝、龙眼、油菜等。

西南：油菜、野坝子等。

长江以南丘陵地区：山乌桕、柃属植物、鸭脚木等。

在一年四季中，开花的蜜源植物如下：

春季：油菜、紫云英、柑橘、荔枝和龙眼等。

夏季：槐树、枣树、乌桕、荆条、椴树和桉树等。

秋季：向日葵、芝麻、棉花、荞麦等。

冬季：鸭脚木、野桂花、野坝子等。

此外，在我国各地还分布着数量繁多药用植物，其中，很多还是良好的蜜源植物，如蒲公英、枇杷、益母草、党参、黄芪、黄连（三棵针）、枸杞等。

2. 蜜蜂采蜜和酿蜜　春暖花开，勤劳的蜜蜂在花丛里穿梭往来，时而停在花朵上，时而腾空而去，它们在干什么呢？原来它们在采集花蜜或花粉。

在自然界，有很多植物的花需要昆虫授粉，才能正常结果，这类植物的花叫"虫媒花"。虫媒花的花朵上长有蜜腺，开花时蜜腺分泌出像小露珠样的甜汁，叫蜜汁。蜜蜂的嗅觉特别灵敏，很远就能嗅到花朵分泌蜜汁的味道。当工蜂发现有蜜源后，马上落到花上采集，然后带着采集到的花蜜飞回巢里，用舞蹈的方式告诉同伴，从什么方位、距离多远的地方采集，其他工蜂就会准确地飞到该地方采集。

工蜂在花朵上采集时，用其口器特化成管状的喙，把花蜜吸进体内的蜜囊中，然后飞回巢里。

刚采集回来的花蜜，水分和蔗糖的含量都很高，水分高达 $50\%\sim80\%$，因此，蜜蜂要对采集回来的"水蜜"进行浓缩和加工，这就是酿蜜。采集蜂回巢后，把贮存在蜜囊里的花蜜交给内勤蜂。内勤蜂把花蜜吐在口部的喙端，形成小泡泡，并加以扇风，使小泡中的水分不断蒸发，如此反复吞吐，使蜜汁浓度逐渐提高。当蜜汁达到一定浓度后，蜜蜂就会把蜜汁涂布在贮蜜区的巢房壁上，在蜂巢的温度作用下和蜜蜂的不断扇风，蜜汁中的水分进一步蒸发，这样，蜜汁的浓度就越来越高。内勤蜂在酿蜜过程中，不断向蜜汁中加入转化酶，蜜汁中的蔗糖在转化酶的作用下，逐渐分解成果糖和葡萄糖。酿蜜是反复进行的，当蜜汁的浓度达到很高（含水量在 20% 以下）时，就成为成熟的蜂蜜，蜜蜂会把贮满成熟蜂蜜的巢房用蜡片进行封盖，这样可长期贮存而不变质。当缺乏食物时，蜜蜂把蜡盖咬掉，取食贮存在里面的蜂蜜。养蜂者发现蜂巢里有大量的封盖蜜后，用离心机把它分离出来，就成为可供人类食用的蜂蜜。

3. **蜜蜂的采集能力**　唐末五代诗人罗隐在《咏蜂诗》中有这样的诗句："采得百花成蜜后，不知辛苦为谁甜?"蜜蜂的一生是短暂的，但它为人类酿造着甜的生活，它的辛勤劳动得到了人类的讴歌，但人们未必了解蜜蜂的采集能力。

一只工蜂重约为 0.1 克，每只工蜂一次采集平均可得花蜜0.025 克，蜜蜂采集得到 1 千克花蜜，只能酿成 400 克成熟的蜂蜜，因此，要得到 1 千克成熟的蜂蜜，需要蜜蜂采集飞行 10万～13 万次，每次飞行往返以 4 千米计，要飞行 40 万～50 万千米，约绕地球赤道 10 多次。每次采集 20～40 朵花，要采集 200万～520 万朵花。

可见，滴滴蜂蜜皆辛苦，点点蜜汁百花精。

二、蜂蜜的分类

现在，市场上出售的蜂蜜，名称五花八门，蜂蜜的名称是怎样得来的呢？一般是按下列分类方法来确定的。

1. 根据蜜源植物分类　如龙眼蜜、洋槐蜜、椴树蜜等。

2. 根据生产季节分类　如春蜜、夏蜜、冬蜜等。

3. 根据品种数量分类　如单花蜜、混合蜜（有人也叫多花蜜、百花蜜）。

4. 根据颜色分类　如浅色蜜、深色蜜等。

5. 根据生产方式分类　如巢蜜、分离蜜等。

以上 5 种，是最常见的分类方法，也是最常见的蜂蜜定名依据。

三、蜂蜜的理化性质

1. 物理性质

（1）外观　在常温下，蜂蜜是半透明的黏稠状液体，温度低时，出现部分结晶或全部结晶。

（2）高密度　蜂蜜是密度较大的液体，成熟的蜂蜜，在20℃时的密度为 1.39～1.42。

（3）高黏稠度　蜂蜜是一种高黏稠度的物质，如果把蜂蜜装在瓶子里摇动时，蜂蜜在瓶壁上流动缓慢，出现挂壁现象。

（4）吸湿性　蜂蜜具有吸湿性。高浓度蜂蜜在湿度大的环境中，能从周围空气中吸收水分；如果环境的湿度很小，蜂蜜能向周围释放出一定量的水分。

（5）光折射性　蜂蜜是一种糖类物质，具有光折射性，因此可用光折射仪器（如糖度计、阿贝折光仪等）来测定蜂蜜的浓度。

（6）旋光性　蜂蜜具有旋光性，且绝大多数是左旋的，只有极少数（如油菜蜜等）是右旋的。

（7）结晶性　在冬春低温季节，蜂蜜会出现结晶的现象。蜂蜜的主要成分是果糖和葡萄糖，因而，蜂蜜中存在着大量的葡萄糖晶核。当温度在 12～14℃ 时，经过 48 小时后，蜂蜜中的葡萄糖晶核就会互相聚合，而出现结晶。因此，结晶是蜂蜜固有的一种物理特性，是一种正常的现象。不同品种的蜂蜜结晶特性不同，有的结晶很严重，如油菜蜜、冬蜜等，结晶后粒粗变硬；有的结晶则很轻微，如洋槐蜜、紫云英蜜等，结晶细腻呈现脂状或混浊状；有的不结晶，如枣花蜜等。此外，浓度高的蜂蜜比浓度低的蜂蜜容易结晶。

（8）发酵性　蜂蜜中含有大量的耐糖酵母，在气温较高、蜂蜜含水量较高时，酵母的生命活动加剧，把蜂蜜分解成酒精和二氧化碳，就产生发酵的现象。

（9）色泽　不同的蜂蜜颜色不同，从水白色到深棕色都有。有的蜂蜜，就是同一个品种，其开花初期和开花末期的颜色也有所差异。根据有关分析报告，颜色深的蜂蜜比颜色浅的蜂蜜所含的矿物质元素要丰富。此外，蜂蜜在贮存过程中，颜色也会逐渐加深。

（10）抗菌性　蜂蜜具有较强的抗菌性。其抗菌性主要由三方面形成，首先，蜂蜜是一种高渗透性物质，其次蜂蜜呈弱酸性，第三方面是蜂蜜含有溶菌酶和过氧化氢酶等，这些对细菌都有较强的抑制作用。

（11）热能值　1 千克蜂蜜能产生 13 723.52 千焦热量。

2. **蜂蜜的化学成分**　蜂蜜是一种成分极为复杂的糖类复合

体，到目前为止，已经鉴定出蜂蜜中含有 180 多种不同的物质。现就蜂蜜中的几大类物质分述如下。

（1）水分　成熟的蜂蜜含水量在 18％～22％。

（2）糖类　糖类占蜂蜜总成分的 75％～80％。蜂蜜中的糖分十分复杂，随着分析技术的提高，发现的种类越来越多，现已证实蜂蜜中有 23 种糖类存在。

在糖类中，最主要的是果糖和葡萄糖，占总糖的 85％～95％。在蜂蜜中，果糖的含量多数多于葡萄糖，如洋槐蜜的果糖与葡萄糖的比例为 44.7：30.1；紫云英蜜为 39：35；椴树蜜为 38：33。也有少部分蜂蜜的果糖略少于葡萄糖，如油菜蜜的果糖和葡萄糖比为 34：36；棉花蜜为 34：37。葡萄糖含量高的蜂蜜，在低温下，较容易产生结晶。如油菜蜜比洋槐蜜就容易出现结晶。

果糖和葡萄糖都为具有还原性的单糖，食用后很快就被人体吸收消化，并马上转化为能量提供给人体利用，因此，食用蜂蜜后，人体能很快消除疲劳，同时不会产生发胖的现象。

蜂蜜除了果糖和葡萄糖外，还含有少量的麦芽糖、松三糖、蔗糖、棉子糖和糊精等糖类，共达 23 种。

（3）酸类　蜂蜜中含有多种酸，约占总量的 0.1％，且绝大多数为有机酸，其中最主要的是葡萄糖酸和柠檬酸，此外还有醋酸、丁酸、苹果酸和琥珀酸等。蜂蜜中酸的种类不同和含量的差异，就形成了不同的蜂蜜在味道上的多样性。

蜂蜜中的有机酸，绝大多数是人体代谢所需的。除有机酸外，还含少量的无机酸，如磷酸等。

虽然蜂蜜的含酸量很大，但由于糖类甜味的掩盖，使人食了以后感觉不到明显的酸味。

（4）矿物质　蜂蜜中的矿物质含量高达 0.03％～0.9％，种类多达 18 种，主要为铁、铜、钾、钠、镁、钙、锌、硒、锰、磷、碘、硅、硫、铝、铬、镍等。蜂蜜的矿物质主要来自于植物从土壤中吸收，深色蜜比浅色蜜含的矿物质多。

有些矿物质在人体内的含量极微，但有调节人体的新陈代谢和生长发育等功能，人体离开了这些矿物质就不行，所以叫微量元素。如铁是造血的主要元素；血红素中含有铜；神经系统离不开钾和钠；钙是骨头的主要成分。所以，矿物质在人体中起到极为重要的作用，人体缺乏矿物质，会发生新陈代谢障碍。如小孩缺锌会引致发育缓慢，免疫力下降；小孩缺钙将会引致软骨病；老人缺钙，会产生骨质疏松，易骨折。因此，多食蜂蜜，可提高人体的健康水平。

值得一提的是，蜂蜜中的矿物质含量与人体中的矿物质含量很相近，因此，能被人体充分利用。

由于蜂蜜中含有钙、钾、镁等矿质元素，属于碱性食物。人在经过大体力的运动或劳动后，肌肉会产生酸痛和疲劳，这是由于肌肉中积聚了大量乳酸所致。食用蜂蜜后，一方面由于蜂蜜中的果糖和葡萄糖迅速被吸收并产生能量，一方面中和了人体积聚的乳酸，因此，可迅速消除疲劳、恢复体力。

（5）酶类　酶是一种具有生物活性的特殊蛋白质，生物体的一切生命活动都离不开酶，离开了酶，生命就停止。

蜂蜜含有丰富的酶类，有转化酶（如蔗糖酶、淀粉酶、葡萄糖氧化酶、过氧化氢酶等）、还原酶、脂肪酶等。这些酶来源于蜜蜂在酿蜜时所分泌，也有少量是由植物所分泌的。

过氧化氢酶能够抑制细菌细胞膜的合成，是一种有强烈杀菌作用的酶，因此，蜂蜜有很强的防腐作用。

（6）维生素　维生素是维持生物体生命活动不可缺少的元素，故称维生素。有些维生素人体是不能合成的，只有靠食物的摄入来获得，这类维生素叫必需维生素，如果食物中缺乏某种维生素，人体就会出现相应的病变，补充所缺的维生素，病情就会好转，蜂蜜中就含有很多人体必需维生素。

蜂蜜中所含的维生素种类很丰富，含量最多的是维生素C，种类最多的是B族维生素。蜂蜜中所含的维生素的量及人体缺

乏时出现的症状见表2-1。

表2-1　100克蜂蜜中维生素含量及人体缺乏时出现的症状

名　　　称	含量（毫克）	人体缺乏时出现的症状
硫胺素（B_1）	2.1～9.1	脚气病（糖类代谢障碍）
核黄素（B_2）	35～145	口角炎
抗坏血酸（C）	50～650	坏血病（多处出血）
吡哆醇（B_6）	227～480	生长缓慢、贫血、抵抗力下降
泛酸（B_5）	25～190	影响神经和皮肤的正常功能
叶酸（B_c）	3.0	巨细胞性贫血伴随白细胞减少
烟酸（PP）	63～590	发生糙皮病

　　（7）糊精和胶体物质　蜂蜜中含有少量的糊精和胶体物质。糊精的含量在0.37%～1.4%之间；胶体物质含量在0.2%～1.0%之间，深色蜜比浅色蜜含量高。

　　糊精和胶体物质的存在，增加了蜂蜜的黏稠性，但含量太高时，加工后的蜂蜜上部会出现悬浮物分层的现象。

　　（8）蛋白质和氨基酸　蛋白质是生命的基本特征，是人体三大营养元素之一，没有蛋白质就没有生命，人体缺乏蛋白质，生长发育缓慢，身体抵抗力下降。

　　不同的蜂蜜所含的蛋白质的量不同，在0.29%～1.69%，平均为0.57%，蛋白质的存在，使蜂蜜的营养成分更加齐全。

　　氨基酸是构成蛋白质的基本单位。在蜂蜜中，游离的氨基酸达16种之多，人体必需的8种氨基酸在蜂蜜中全部存在。蜂蜜中氨基酸平均含量达0.005%左右。

　　近年来，科研工作者还发现蜂蜜中还含有一种药理作用很强的氨基酸衍生物——牛磺酸，其含量平均为每100克0.0442毫克。牛磺酸是天然牛黄的成分之一，是儿童生长必需的一种氨基酸，是儿童正常生长发育不可缺少的营养素。它有助于少年儿童脑细胞的增殖，促进神经细胞的分化和成熟，对神经细胞及其触突的形成也具有重要的作用，有提高免疫力的作用，对少儿免疫系统发育成熟的影响很大。

此外，牛磺酸还可促进视网膜的发育和提高视觉功能；有增强心肌的收缩力、降低胆固醇等作用。

（9）芳香物质　不同品种的蜂蜜味道不同，浅色蜜味道较清香，深色蜜味道较浓郁。蜂蜜的芳香味，是由蜂蜜中的芳香物质所形成的，现已发现，蜂蜜中的芳香物质是由几十种到上百种分子组成的复合物。不同蜂蜜由于所含芳香物质的品种和数量不同，就形成了蜂蜜香味的多样性。

（10）其他物质　蜂蜜中还含有一些色素、花粉、蜡屑和一些未明成分的物质等。

从上可看出，蜂蜜是一种成分十分复杂的物质。

3. 几种常见的蜂蜜简介

（1）油菜蜜　油菜是我国最大宗的蜜源，油菜蜜是我国最大宗的出口蜜种之一。油菜为人工种植的油料植物，除西藏外，全国各地都有种植，以华北、华中、华东、四川盆地、西北地区和新疆等地为主。

油菜开花时间，从南到北逐渐推迟，南部地区 1 月底开花，东北地区要到 5 月底才开花，花期很长，达 1 个月以上。

油菜蜜呈浅琥珀色，极易结晶，晶粒粗而硬。新鲜的油菜蜜气味芳香，贮存一个阶段发酵后的油菜蜜，气味产生较大的转变，有令人不太舒服的刺激性味道。

（2）荔枝和龙眼蜜　荔枝和龙眼都为人工种植的果树。主要分布在广东、广西、海南岛和福建等地，荔枝每年在 4 月初到 4 月中旬开花，龙眼则稍迟 10 天左右开花。

荔枝蜜呈浅琥珀色，气味芳香浓郁，结晶较粗，极易发酵。龙眼蜜呈琥珀色，味浓郁。荔枝蜜和龙眼蜜都为广东、广西的著名蜜种，享誉国内外。

（3）柑橘蜜　柑橘多为人工种植的果树，主要分布在长江以南地区。柑橘在每年的 3~4 月份开花。

柑橘蜜浅黄色，结晶细腻，气味清香，深受消费者的喜爱。但浓度稍低，较易发酵。

（4）椴树蜜　椴树为野生的高大乔木，主要分布于黑龙江省和吉林省的大、小兴安岭以及长白山山脉。椴树在每年的 7 月份开花。

椴树蜜浅琥珀色，结晶较细，气味芳香浓郁，口感清润，对喉咙无刺激性。很多国家对我国的椴树蜜情有独钟，也是我国出口的一个主要蜂蜜品种。

（5）洋槐蜜　洋槐为野生或人工栽种，为生长于坡地、路边的乔木，主要分布于黄河和长江中下游地区，如湖北、河南、河北、山东、安徽和陕西等省。洋槐在每年的 5 月份左右开花，花期自南至北推迟。

洋槐蜜呈水白色，结晶极细腻，气味清香。

（6）紫云英蜜　紫云英为人工种植的绿肥，黄河以南地区都有种植，但主要分布于长江流域。每年 2~3 月份开花。

紫云英蜜呈水白色，结晶细腻，气味芳香，为主要出口的蜂蜜品种之一。

（7）荆条蜜　荆条是我国第二大蜜源，生长于丘陵地带、山坡路旁的野生小灌木，在我国分布很广，以东北、华北、华中和华东地区分布为主。荆条有白荆条和红荆条之分，白荆条主要分布在河南、河北和辽宁等地，红荆条则分布较广，从云南、贵州到湖北、湖南、安徽、山东等地都有。荆条每年 6 月到 7 月份开花，花期达 50 天以上。

白荆条蜜呈浅琥珀色，结晶较细，气味清香；红荆条蜜呈红琥珀色，结晶较粗，气味较浓郁。

（8）野桂花和鸭脚木蜜（冬蜜）　野桂花是柃属植物几个品种的总称，而不同于桂花。野桂花为生长于山上的灌木或小乔木。鸭脚木学名叫八叶五加，别名鹅掌柴，多生长于山坑边，为多年生乔木。

野桂花和鸭脚木，主要分布于长江以南地区，以广东、广西、福建、江西等省（自治区）为主。在每年10月底到次年的1月份开花，二者花期重叠，除个别地方外，很难区别这两种蜜。

纯净的野桂花蜜呈水白色，结晶细腻，气味清香，口感极好，有蜜中之王的称号。

纯净鸭脚木蜜呈浅琥珀色，极易结晶，晶粒粗大，气味浓郁，微带苦味。广东人最熟悉的"冬蜜"，就是野桂花蜜和鸭脚木蜜混在一起的合称。

（9）枣花蜜　枣树为人工种植或野生的果树。主要分布于山东、河南、河北、陕西、山西等地。枣树于每年的5月中旬到6月初开花。

枣花蜜呈琥珀色，质地浓稠，但不容易结晶，气味浓郁。

（10）山乌桕蜜　山乌桕为生长于山上的高大乔木，主要分布于广东、广西、福建、江西、云南、贵州等地。山乌桕每年5月底到6月初开花。

山乌桕蜜呈浅琥珀色，气味清香，略带发酵的酸味，极易发酵。

（11）荞麦蜜　荞麦为人工种植或野生的粮食作物，一年生草本。主要分布于内蒙古、山西、陕西、甘肃、宁夏、辽宁等地也有分布。荞麦于每年9～11月开花（从南到北推迟）。

荞麦蜜深琥珀色，味道浓郁，有刺激性气味。

（12）桉树蜜　桉树为人工种植的高大乔木，主要分布在广东、海南、广西、福建等地。桉树有多个品种，主要为窿缘桉（也叫小叶桉）和尾巨桉。5月中、下旬开始开花，花期长达40多天。

桉树蜜深琥珀色，有特殊的桉树花味，一般消费者不大喜欢食用，但有较高的药用价值。

（13）中草药类蜂蜜　中草药是我国医药学的一大瑰宝，很多中草药还是很好的蜜源植物，如益母草、枸杞、蒲公英、党参、黄芪等，全国自南到北都有分布。由蜜蜂采集自中草药植物的蜂蜜，就是中草药蜂蜜（用人为的方法在普通蜂蜜中加进中草药煎的水，不能叫中草药蜂蜜）。

4. 中华蜜蜂蜂蜜与西方蜜蜂蜂蜜的区别　中华蜜蜂（简称中蜂）所生产的蜂蜜，与西方蜜蜂生产的蜂蜜是有所不同的。对同一种蜜源植物来说，中蜂蜜的颜色相对较浅，香味浓而清纯，但浓度较低，较易发酵，酶值也较低（广东一般在5以下，多为1.0～2.5）。西方蜜蜂所生产的蜂蜜，颜色相对于中蜂蜜来说比较深，微带蜂胶味，香味比中蜂蜜稍差。但西方蜜蜂生产的蜂蜜浓度和酶值都较高，不易发酵。

5. 蜂蜜的简单鉴别方法　蜂蜜的简单鉴别方法，主要指感官的简单鉴别。

（1）看　看色泽、看挂壁、看透明度　不同蜜源植物的蜂蜜颜色不同，如果所有品种的蜂蜜颜色同样或基本相近，是不可能的，对蜂蜜的颜色可参照上面的蜂蜜简介。

看挂壁，主要是看蜂蜜的黏稠度，可把盛在玻璃瓶里的蜂蜜摇晃几下，然后倒转瓶子，看蜂蜜在瓶壁上有否挂壁，有挂壁、挂壁时间越长越好。

纯正的蜂蜜是半透明的液体，多数假蜂蜜都是透明高的液体，因此，如果透明度太高的蜂蜜就要注意。

（2）闻　主要是对香气的鉴别　每一种蜂蜜都有自己的香味，对瓶装蜂蜜，可摇晃几下，然后打开盖子，立即放在鼻前闻，就可闻到香味。对假蜂蜜有时就可闻到蔗糖味或类似红糖味的转化糖味。

（3）口尝　不同的蜂蜜，味道的差别很大。口尝时，把蜂蜜布满整个口腔，然后徐徐吞下。注意舌尖、口腔两侧、喉头的感觉。区分不同层次的香味，对各种味道细细品味，好的蜂蜜气味清香，留香持久，喉感舒服清润。

（4）试浓度　用一支筷子搅拌蜂蜜，再把筷子慢慢垂直提起，如果筷子上粘的蜂蜜很快呈直线下流，则浓度较低，如筷子上粘的蜂蜜呈珠状缓慢下滴，则浓度较高。可挑少许蜂蜜，滴在吸水纸（如卫生纸等）上，如果蜜滴四周有水分并迅速扩散，说明含水量较高，此方法只能判别蜂蜜水分的高低，不能判别蜂蜜的真假。

以上简单的感官判别方法，对有一定经验的人，一般对蜂蜜的质量就有了基本的了解，但最可靠的还是要进行化学检验。

四、蜂蜜的神奇功效

在许多世纪以前，蜂蜜已被人们所认识。据国外史料记载，在古埃及金字塔中存放的蜂蜜，经过几千年后发掘出来，仍可食用。古希腊的亚历山大大帝死于出征途中，其随从将其尸体浸于蜂蜜中，运回马其顿后，进行安葬，尸体完好无损。古希腊人和罗马人用蜂蜜来保存肉类，使其不变质，保持原来的风味不改。

在古希腊，人们也很早就已经知道蜂蜜能治病和有延年益寿的功效。两千多年前的古希腊医生希波克拉迪以及现代原子理论创立者、著名科学家德漠克利，他们由于经常食用蜂蜜，两人都活了 107 岁。波兰著名诗人兰姆贝基，食用蜂蜜 30 年，到了 80 多岁还身强力壮。俄国有一个名叫谬尔巴赫尔的教授，他每天早晚服用蜂蜜，120 岁时精力还很充沛。养蜂员萨法多·德赛因在 138 岁时把他长寿的秘密告诉医生：长期食用蜂蜜是他能长寿的主要原因。

早在 1 000 多年前，阿拉伯伟大的医学家阿维森纳就把蜂蜜推荐为老人延年益寿的保健食品，他说：晚上睡眠的时候食蜂蜜，那么你的血液将如你的眼泪一般的干净。也许正因为如此，德国人称蜂蜜为"老年人的牛奶"。

在现代，国外对蜂蜜的应用更为广泛，也出现了很多神奇的效果。有一个叫卡罗·海斯的人患过敏症 12 年，吃过许多药物，效果都不好，后来改食蜂蜜，7 天后病症消退，再没有复发。新西兰有一个农民，用蜂蜜治疗牛痘和皮肤外伤，其效果优于化学药品。印度一医学院用蜂蜜在 4℃ 下保存狗动脉瓣膜达数月之久，取出后放于生理盐水中，其形态、大小、组织都恢复正常。主动脉和会切点的抗张强度增加 50%，组织检查表明，更为结实，富于弹性。

在我国，人们对蜂蜜认识的历史也很悠久。从三四千年前甲骨文"蜜"字的出现，说明蜜蜂和蜂蜜已被人们所认识和利用。

东周时期，已有蜜酒的记载，在《楚辞·招魂》（公元前 304—前 278 年）有"瑶浆蜜勺"之句，蜜勺为用蜜调制的蜜酒。周武王伐纣时，深受老百姓的拥戴，老百姓就把蜂蜜作为礼物献给武王。可见，在当时，蜂蜜已被人们作为珍贵的食品了。

隋唐时期，人们已掌握了利用蜂蜜进行自然发酵的方法生产蜜酒。其时，孙思邈在其论著中有这样的记述：葡萄、蜂蜜等酒不用曲。

宋朝著名诗人苏东坡对蜂蜜情有独钟，他用诗记述了蜂蜜酒的酿制和对蜜酒的赞颂："巧夺天工术已成，酿成玉液长精神，莫道迎宾无佳物，蜜酒三杯一醉君。"

2000 多年前《神农本草》中载：石蜜味甘，平，主心腹邪气，诸惊痫，安五脏诸不足，益气补中、止痛解毒、除众病、和百药，久服，强志轻身、不饥不老，延年神仙。到明代李时珍所著的《本草纲目》则有：蜂蜜生则性凉，故能清热；熟则性温，故能补中；甘而平和，故能解毒；柔而濡泽，故能润燥；缓可以去急，故能止心腹、肌肉、疮疡之痛；和可以致中，故能调和百药的记述，并有其应用方法的记载。

中医、中药是我国医学上的瑰宝，中药丸，是中医药最为古老的的制剂，制作中药丸就离不开蜂蜜。

从上记述可看出，蜂蜜在古代，已在食疗和医药上广泛应用。在古代，蜂蜜还是地方向朝廷进贡的产品。

　　在现代，我国蜂蜜的应用也很普遍，也取得了很好的效果。有报道说：有 12 例阴道癌患者，手术切除后，用蜂蜜治疗 8 周，获得了完满的疗效，且不用植皮。新鲜蜂蜜用于治疗轻度烧烫伤，能立即止痛，并不留疤痕。蜂蜜的神奇疗效，不胜枚举。

五、蜂蜜对机体的生理效应

　　在古代，对蜂蜜的生理作用已有较多的研究，如李时珍在《本草纲目》中，对蜂蜜的作用有这样的记述："入药之功有五，补中也，解毒也，润燥也，止痛也。"

　　现代医学工作者经过大量的研究和临床实践，认为蜂蜜对机体的生理效应有如下几方面。

　　1. 具有抗菌防腐作用　蜂蜜因其酸性、高渗透性以及所含的过氧化氢酶和溶菌酶等，使蜂蜜具有很强的抗菌性和防腐性。埃及古墓出土的几千年前蜂蜜尚可食用，蜂蜜用于保存器官能使其保持活性的事实，都说明了蜂蜜有抗菌防腐的作用。

　　大量研究证明，蜂蜜对大肠杆菌、流感杆菌、链球菌、霍乱弧菌、沙门氏菌、黄曲霉菌、黑曲霉菌及革兰氏阴性和阳性菌等 15 种致病菌均有抗菌的作用。此外，蜂蜜本身不会腐败，故而蜂蜜是一种难得的天然抗菌防腐剂。

　　2. 抗病毒和抗原虫的作用　蜂蜜具有抗病毒的作用。前苏联的米可娃教授对用蜂蜜治疗患流行性腮腺炎儿童的效果观察，结果显示，服用蜂蜜的患儿病情比对照组轻，连服 6 天后，不仅病情治愈，同时健康状况得到改善，患儿精神好，体重增加。

　　在对患麻疹的儿童用蜂蜜治疗效果观察时，结果也表明，蜂蜜能使患儿症状减轻，顺利度过发疹过程。

　　以上说明，蜂蜜有一定的抗病毒的作用。

　　利用蜂蜜治疗因阿米巴原虫引致的肠炎，其疗效显著，有关报道屡见不鲜。显示蜂蜜具有抗原虫的作用，这一点在治疗阿米巴痢疾上的作用是不容忽视的。

3. 增强免疫能力　蜂蜜具有一定增强机体免疫能力的作用。有报道，有些肿瘤患者食用蜂蜜后，其血液中的 IgG 水平与对照组相比，有明显的提高。慢性支气管炎患者，食蜂蜜后，其血液中的 IgA 水平也有所提高，并且患者的感冒率也有很大的降低。

以上事实说明，蜂蜜有增强机体免疫力的作用。

4. 促进发育，健脑益智　蜂蜜作为一种营养丰富的保健食品，能促进儿童的生长发育，提高机体的抗病力，作为一种脑细胞的营养剂，能增加大脑的记忆力。此外，蜂蜜具有增强细胞的生成、损伤的修复能力，因此，也有减缓衰老的作用。

六、蜂蜜在保健和临床上的应用及特种蜂蜜的功效

1. 蜂蜜在保健和临床上的应用　随着科学技术的发展，人们对蜂蜜的认识越来越深，其应用也就越来越广泛，现介绍如下：

（1）胃肠道疾病　蜂蜜具有调节肠胃功能的作用，对胃和十二指肠溃疡的疗效十分显著。长期食用蜂蜜，能使胃痛和胃灼热感消失，并能使胃液酸度恢复正常，加速溃疡面的愈合等。

蜂蜜对便秘具有很好的治疗效果。自古以来，蜂蜜就用于便秘的治疗，据现代科学研究表明，这与蜂蜜中含有乙酰胆碱有关。一方面蜂蜜能润滑肠胃，一方面乙酰胆碱能促进肠胃的蠕动，而促进排便。因此，蜂蜜对结肠炎、习惯性便秘、老人和孕妇便秘、儿童痢疾等都有良好的疗效。

（2）呼吸系统疾病　蜂蜜对支气管哮喘病和肺结核病有良好的疗效。蜂蜜具有润肺的功能，实验也证明，蜂蜜中具有丰富的蛋白质和氨基酸、碳水化合物、微量元素以及多种维生素和活性物质等，增加了人体内营养的供应和新陈代谢所需的物质，提高了体内的抵抗力，加快了机体的恢复，使患者的病状得到减轻和康复。

（3）心血管疾病　蜂蜜对心脏病有一定的疗效。蜂蜜是一种

营养较全面的食品，它能营养心肌和改善心肌的代谢。蜂蜜能扩张冠状血管，所以对心绞痛有一定的缓和作用。

（4）肝脏疾病　由于蜂蜜中含有大量的单糖、多种维生素、酶类、氨基酸和丰富的微量元素等，对肝脏有营养的作用，此外，这些物质不用经过肝脏的加工与合成，就可直接被人体吸收利用，这样既营养了肝脏又保护肝脏。因此，蜂蜜与其他药物结合治疗传染性肝炎、黄疸性肝炎能够明显地提高疗效。

（5）神经系统疾病　蜂蜜中所含的葡萄糖、维生素、牛磺酸以及磷、钙等物质，能滋补神经系统、调节植物性神经。此外，蜂蜜可提高血液的含氧量。因此，蜂蜜有增加食欲、促进睡眠、增强记忆力的作用。

（6）烧烫伤和褥疮溃疡　蜂蜜中含有少量的能够促进人体细胞生长和提高细胞活力的生长素，对人体的细胞新陈代谢起着促进的作用，能使皮肤烧伤和烫伤部位迅速长出肉芽组织、促使新的表皮组织生成而使皮肤愈合。因此，一般一、二度小面积烧伤烫伤，用新鲜蜂蜜涂敷，可以减轻疼痛、加速愈合。此外，蜂蜜对细菌有抑制和杀灭作用，因此可用于治疗褥疮性溃疡等皮肤疾患。

（7）营养不良　由于蜂蜜营养丰富、全面，能补充人体所需的营养成分，能使血细胞和血红蛋白的数量明显增加，可以显著地提高人体的营养状况，对小儿贫血疗效尤为明显。

（8）美容效果　蜂蜜中所含的酸，对皮肤有消除黑斑和漂白的作用；蜂蜜中的营养成分则可为表皮细胞提供营养。此外，蜂蜜有杀菌的作用，用蜂蜜美容，可以减少痤疮。因此，蜂蜜有良好的美容效果。

2. 特种蜂蜜的功效　所有的蜂蜜，都具有共同的功效，如补中益气、清热解毒、润燥等。一些中草药品种的蜂蜜，除了有蜂蜜共同的疗效外，还有该品种的药效。现将常见的若干品种的功效介绍如下：

（1）洋槐蜜　有清热祛湿、通便的功效，对便秘患者有疗效。

（2）枣花蜜　有补气、补血的功效，对妇女、儿童、老人气血两亏有疗效。

（3）益母草蜜　有去污生新、养血调经、养颜护肤的功效，对妇女月经不调、痛经具有一定疗效。

（4）金银花蜜　有清热解毒的功效，对感冒、咽喉痛疗效极好。

（5）五倍子蜂蜜　有正气补肾、祛肺火功效，对口干舌燥、改善睡眠有一定作用。

（6）香椿蜜　有祛风祛湿、化痰止咳功效，对风寒感冒、久咳不愈有疗效。

（7）枇杷蜜　有通窍润肺、化痰止咳功效，对感冒咳嗽、声嘶痰多有疗效。

（8）蒲公英蜜　有清热解毒、散结疮疖、疗毒的功效，对感冒喉痛有疗效。

（9）枸杞蜜　有滋补肝肾、益精明目的功效，对目昏耳鸣、头眩乏力、腰膝酸软等有疗效。

（10）五味子蜜　有滋肾敛肺、生津润燥、安神益智功效，对劳伤遗精、神经衰弱有一定功效。

（11）党参蜜　有补中益气的功效，对脾肺虚弱、气短心悸、虚喘咳嗽有一定的疗效。

（12）北芪蜜　有理气解郁的功效，对体虚气喘和软化心血管有一定疗效。

（13）山楂蜜　有开胃消滞、润肠通便的功效，对食欲不振、便秘、高血脂有一定疗效。

（14）桔梗蜜　有祛痰止咳的功效，对感冒咳嗽有一定疗效。

（15）野藿香蜜　有辟瘟祛暑、降浊和中的功效，对呕吐泄泻，心腹绞痛有一定疗效。

（16）龙眼蜜　有补中利气的功效，对体虚气短有一定疗效。

（17）黄连蜜　有利肠清热、除烦泻火的功效，对虚火上升、腹泻痢疾、毒疮痤疮、烟酒过多、口臭舌干有一定作用。

（18）野菊花蜜　有清热降火，平肝明目的功效，对防感冒、解暑有一定作用。应该说，中草药蜂蜜品种，是蜜中之精华，应加强研究和开发，让中草药蜂蜜为人类健康做出更大的贡献！

七、蜂蜜在制药、饮料和其他行业上的应用

自古至今，蜂蜜在中药制作上都得到广泛应用。蜂蜜对疾病的疗效，被列为一味中药；蜂蜜味道香甜，可掩盖中药的苦味；蜂蜜具有高黏稠性，能把多种中药粉黏结在一起；蜂蜜具有吸湿性，能长期保持药丸湿润，不致干裂散开。由于蜂蜜以上特性，几千年来中药丸的制作都离不开蜂蜜。此外，很多口服液和膏类口服药也要用到蜂蜜作为原料。

蜂蜜丰富的营养成分、香甜可口的味道，是制作饮料最好的原材料。曾风靡世界的健力宝运动饮料，就是一种含有蜂蜜的饮料，由于其能迅速消除疲劳的功效，深受运动员的欢迎，在国际上有"中国魔水"之称。

蜂蜜在食品工业上还有很多方面的用途。

面包和糕点加进蜂蜜后，能使这些食品增加风味，还能改良品质。蜂蜜中含有大量的果糖，有吸湿性和保持水分的特性，可使面包和糕点保持松软、不变干，这个特性在低温和干燥的环境中，显得更为重要。除此之外，蜂蜜还可使面包外表光滑油亮，清香喜人。

用蜂蜜作为肉类烧烤涂料，可使其外表金黄透亮，皮脆肉滑、甘香可口。用蜂蜜制作的糖果，除味道香甜外，多食不会引起肥胖和蛀牙。

蜂蜜酿酒，是人类最早的酒精饮料之一，在印度，几千年以前就有这种饮料。在我国，也已成功地酿制出蜂蜜甜酒、蜂蜜啤酒等。

　　蜂蜜酿醋，就是在蜂蜜中接入醋酸菌进行酿制。生产出来的醋，味道香醇可口，具有开胃消滞、促进食欲；降血压、血脂、预防肾结石等作用。

　　蜂蜜在烟草工业中也被广泛应用。香烟过于干燥，点燃后温度高、燃烧快，且易产生烟丝掉出的现象，而不受吸烟者的欢迎。蜂蜜富含果糖，具有吸湿性，能保持烟丝湿润，可克服烟丝干燥的难题，且可以使香烟的味道更加香醇，因此，很多高级香烟都要用蜂蜜作为辅料。

八、蜂蜜的使用和保存

　　1. 使用　蜂蜜是天然的保健食品，长期食用，可起到有病治病、无病强身健体的作用。天然的成熟蜂蜜，不需要进行加工即可直接食用。食用蜂蜜最好要定时定量，可于每天早上起床后和晚上睡觉前，各服用一次，每天 30～50 克（便秘患者可适量加大服用量），用温开水或凉开水冲服，或混于牛奶中食用。要注意的是，蜂蜜不能用温度太高的水冲服，水温太高，除会破坏蜂蜜的营养成分外，还会改变蜂蜜的风味。

　　蜂蜜外用，可把伤口洗干净，把蜂蜜直接涂上去，用消毒纱布包扎即可。用于美容，可把蜂蜜混于洗面奶中一起用于洗脸，或把蜂蜜加进鸡蛋清涂敷面部。

　　2. 保存　蜂蜜是季节性生产的产品，因此，做好蜂蜜的保存，对销售和消费，都很重要。

　　对蜂蜜收购和经营者来说，由于蜂蜜为呈酸性的液体，接触铅、锌、铁等金属会产生化学反应，因此，在蜂蜜贮存中，要用符合食品卫生要求的非金属容器如缸、塑料桶或内层涂有食用涂料的蜂蜜专用桶来存放蜂蜜。也可在地下挖贮蜜池来贮存，蜜池的四壁用不锈钢板衬托，这样可较好地保存蜂蜜。

　　家庭保存蜂蜜，要注意蜂蜜易发酵和在低温时容易结晶的特性，因此，蜂蜜应用干净的、符合食品卫生要求的广口瓶子盛放，装蜜量以容器的 80％为宜，瓶盖不要过度拧紧，要在阴凉、通风、干燥处放置。

九、蜂蜜的加工

成熟的蜂蜜，浓度较高，具有强的抗菌性，不易变质，符合食品卫生要求，可直接食用。但由于蜜蜂的品种不同和气候条件的影响，以及个别养蜂者贪图产量，不等蜂蜜成熟，就进行取蜜，结果造成所生产的蜂蜜浓度太低，在温度高时，蜂蜜中的酵母就会大量繁殖，酵母的呼吸作用造成蜂蜜发酵，部分蜂蜜被分解为酒精和酸类等，并放出二氧化碳，使包装物爆裂。因此，对这类蜂蜜需要进行必要的加工，才能作为商品出售。其次，由于蜂蜜在低温时容易出现结晶，因此，也要通过加工，破坏蜂蜜中葡萄糖的结晶核，去除蜂蜜的结晶特性。

蜂蜜加工的目的，就是通过过滤，去除蜂蜜中的杂质（如蜂蜡、巢屑、蜜蜂的残肢等）；通过加温，破坏蜂蜜的结晶特性和杀死蜂蜜中的微生物（如酵母菌等）；通过浓缩，去除蜂蜜中的部分水分。蜂蜜的加工流程为：

蜂蜜→加温（融晶）→配蜜→过滤→加热→杀菌→真空浓缩→冷却→包装

由于加热有可能会破坏蜂蜜的活性成分，因此，蜂蜜的加工要严格控制加热温度和加热时间，最好选用薄膜真空浓缩设备，这样可减少蜂蜜营养成分受到破坏。

十、蜂蜜在保健和治疗上的应用和配方

1. 蜂蜜醋（调配醋）

组成：蜂蜜 25 克，米醋 20 克。

用法：将蜂蜜和米醋混合后，用温开水冲服，每天早晚各1次。

功效：软化血管、降低血脂、防止心肌梗死。

2. 西洋参泡蜂蜜

组成：西洋参 30 克，蜂蜜 1 000 克。

用法：西洋参切片，浸泡于蜂蜜中，1 周后取蜂蜜冲水服。

功效：提神醒酒、清虚火、去热毒、去痤疮。

3. 山楂桃仁蜜露

组成：山楂 500 克，桃仁 100 克，蜂蜜 250 克。

用法：将山楂和桃仁先用清水浸泡 1 小时，再用文火慢煎半小时到 1 小时，取滤液后再加水复煮一次，两次滤液合并再加入蜂蜜，隔水蒸 1 小时，冷却装瓶备用。

功效：活血化瘀、健胃消食、营养心肌、降血压、降血脂。

4. 首乌丹参蜂蜜饮

组成：何首乌 15 克，丹参 15 克，蜂蜜 20 克。

用法：先将首乌和丹参用水煎，去渣加入蜂蜜即可，日服 1 剂。

功效：滋阴润燥，通经活络。主治动脉硬化、高血压、慢性肝炎等症。

5. 番茄蜜汁

组成：新鲜成熟番茄 1 个，蜂蜜 20 克。

用法：先将番茄切片，加入蜂蜜腌 1～2 小时即成。饭后当水果食用。

功效：和血脉、降血压、生津开胃、清热解毒。长期服用，可预防动脉硬化和心血管疾病等。

6. 蜂蜜茶

组成：绿茶 10 克，蜂蜜 20 克。

用法：先将绿茶放在茶壶中用热开水浸泡，冲出后冷却，混入蜂蜜，即可饮用或含服。日服 1～2 次。

功效：降血压、清肺热、利肠胃。主治高血压、肺热咳嗽、久咳不止、咽喉肿痛等症。

7. 双花蜂蜜饮

组成：金银花 10 克，杭菊花 10 克，蜂蜜适量。

用法：先将金银花和菊花洗净，用水煎至沸腾片刻，冷却后冲蜂蜜服用。如冷藏后再冲蜂蜜，口味更佳，每天当茶饮用。

功效：清热解毒、润肺清燥。适于感冒喉痛、肺热咳嗽。

8. 鱼腥草蜂蜜饮

组成：鲜鱼腥草 100 克，蜂蜜 30 克。

用法：将鱼腥草洗净榨汁，调入蜂蜜即成。日服 1～2 次，连服 3 天。

功效：清热解毒，适于流感、咽喉肿痛等。

9. 枇杷蜂蜜膏

组成：枇杷叶 500 克，蜂蜜 200 克。

用法：枇杷叶加水 5 000 克，慢火煮 3 小时，过滤去渣，取滤液再加热至成清膏，加入蜂蜜煎熬至收膏即可。日服 2 次，每次服 15 克，开水调服或含服。

功效：润肺止咳，清解肺胃积热。适于单纯型支气管炎、久咳不止等症。

10. 蜂蜜盐水汤

组成：蜂蜜 30 克，食盐 6 克。

用法：将蜂蜜和食盐放在杯中，用开水冲匀即成。每日早晚各 1 次。

功效：润肠通便排毒。适于体虚便秘、不宜服用强泻药者，对老人、孕妇的便秘者最宜。

11. 蜂蜜柠檬茶

组成：蜂蜜 50 克，鲜柠檬 10 克。

用法：鲜柠檬切片，蜂蜜用冰水冲开，放进柠檬片。

功效：止渴生津，消积开胃，对小孩食欲不振尤宜。

12. 蜂蜜姜汁饮

组成：鲜生姜 3 克，蜂蜜 20 克。

用法：生姜洗净捣烂榨汁，加蜂蜜用热水冲服。

功效：温胃止呕、通窍健脾。

13. 蜂蜜芹菜汁

组成：芹菜汁 100 毫升，蜂蜜 15 克。

用法：每天 2 次，每次 100 克。

功效：降血压、除结石。

十一、关于蜂蜜几个问题的释疑

1. 蜂蜜有生蜜、熟蜜之分吗　有的消费者认为，养蜂者从蜂群中取出来的蜂蜜是"生蜜"，把"生蜜"煮开后就叫"熟蜜"。其实，蜂蜜只有"成熟蜜"和"不成熟蜜"之分。成熟蜜是经过蜜蜂充分酿造后贮存在蜂巢上的蜂蜜，其水分含量在 22％以下，酶的含量很高，蔗糖含量很低，这种蜂蜜久藏不易变质。不成熟蜜就是未经蜜蜂充分酿造的蜂蜜，含水量较高，贮存过程很易发酵变质。

蜂蜜如果经高温处理，很多营养成分就会受到破坏，因此，蜂蜜是不宜蒸煮的。

2. 食用蜂蜜会使人发胖吗　很多人认为，食用太多甜食会使人发胖，因为蜂蜜是甜物质，所以食用蜂蜜同样会使人发胖。

现在，我国消费者食用的甜味剂主要是白糖（蔗糖）。白糖是双糖，食用后，在人体内经过代谢，最终产物有可能部分会以脂肪的形式贮存起来，引致人体发胖。而蜂蜜就不同，其主要成分是果糖和葡萄糖，都是单糖，食用后经代谢马上产生为能量，供人体各种生命活动之需，所以食用蜂蜜后，人很容易消除疲劳。此外，由于蜂蜜中含有各种营养物质，对人体还有保健作用，在美国、日本等发达国家，很多消费者以蜂蜜取代蔗糖，就是他们认识到上述问题的缘故。因此，食用蜂蜜是不会使人发胖的。

3. 婴幼儿能食用蜂蜜吗　近来，有些媒体，不时有这样的"新闻"：美国的婴幼儿食用蜂蜜，因蜂蜜中含有肉毒杆菌而中毒，美国禁止婴幼儿食用蜂蜜。这条新闻其实是美国 10 多年前的新闻，产生这样的原因主要是食用了受到肉毒杆菌污染的蜂蜜。受污染的原因是多样的，有可能是来自生产环境或包装容器等，蜂蜜本身由于有抗菌的作用，受污染的可能性是很小的。而蜂蜜含有丰富的营养成分，对提高婴儿体质、对治疗婴幼儿贫血和便秘等有很大的好处。因此，蜂蜜适于婴幼儿食用，但要注意选用优质的蜂蜜和注意用具卫生等。

4. 糖尿病人能食用蜂蜜吗　蜂蜜的主要成分是果糖和葡萄糖，易于人体吸收，对血糖有一定影响，因此，糖尿病患者只有在血糖稳定的基础上，或服用降糖药的同时，适量食用少量蜂蜜，但最好选择果糖含量较高（如洋槐蜜等）的品种，或在蜂蜜出现结晶时，食用其上层含果糖高不结晶部分。

5. 蜂蜜结晶是被掺了白砂糖吗　蜂蜜结晶，是蜂蜜固有的一个物理特性，蜂蜜在气温 12～17℃ 的时候最容易结晶，是蜂蜜中的葡萄糖分子在较低温度下聚合沉淀而出现的现象。不同品种的蜂蜜结晶程度有所不同，有的出现全部结晶，有的用肉眼几乎看不到结晶，而且浓度越高越容易结晶。很多消费者认为蜂蜜结晶是被掺了白糖，这是一种天大的误会。结晶蜂蜜只要置于温水中浸泡，就能溶解。此外，家庭贮存蜂蜜时，最好用广口的容器。

重点难点提示

1. 蜂蜜是蜜蜂从外界采集，同时经过蜜蜂自身的加工形成的甜物质，主要成分为果糖和葡萄糖，具有清热解毒、补中润燥等功效，是人类不可多得的营养物质。食用蜂蜜要用温开水冲服。蜂蜜在低温时会产生结晶，保存蜂蜜最好用大口瓶。

2. 蜂蜜的来源、各化学成分对人体的生理效应以及蜂蜜产生结晶的原因。

蜂 王 浆

—— 蜜蜂的乳汁,人类长寿的因子

本讲目的

了解蜂王浆的来源、种类,蜂王浆的化学性质及功能、食用和保存方法等。

一、蜂王浆的来源及人工生产方法

1. **蜂王浆的来源**　蜂王浆是蜜蜂青年工蜂的舌腺和上颚腺(统称王浆腺)分泌的乳状物质。在蜂群中,主要用来饲喂蜂王和蜜蜂的幼子,蜂王几乎一生都以蜂王浆为食,工蜂和雄蜂则只在幼虫期的前三天食用蜂王浆。因为蜂王浆是由蜜蜂分泌出来的,而且是用来哺喂蜜蜂低龄幼虫的食物,这跟人的乳汁有共同之处,因而有人又称蜂王浆为蜂乳。

蜂王浆的生产主要在西方蜜蜂进行,东方蜜蜂(如我国的中蜂),因其王浆腺不发达,群势也较弱,不能进行王浆的商品化生产。因此,蜂王浆是西方蜜蜂的主要产品之一。

2. **蜂王浆的生产**

(1) **蜂群培育蜂王的现象**　当自然界有大量的蜜源植物开花,蜜蜂采集花蜜和花粉进出频繁,经一段时间,蜂群就会到达繁殖高峰期,蜂群里的工蜂数量不断增多。当蜂群里工蜂发展到一定数量时，蜜蜂就要分家（养蜂学上叫分群），这时，工蜂会培育出新的蜂王来维持分出来的新蜂群。有时当蜂王年事已高，体衰力竭不能大量产卵、不能胜任蜜蜂王国的重任时，工蜂也会在蜂群中培育出新的蜂王来接替老蜂王。蜂群因各种原因（如天敌入侵、人为操作等）造成蜂王死亡，工蜂也会在蜂群中用应急的方法培育出新的蜂王。

在正常的情况下，工蜂会在巢脾的下缘筑造出几个口向下的比正常巢房大一倍的王台台基，它是培育新王的"王宫"，当"王宫"筑成后，工蜂就强迫蜂王在台基中产下受精卵，在受精卵孵化出幼虫的前夕，工蜂就在台基中分泌蜂王浆，以供蜂王的幼虫享用。工蜂在台基中分泌的蜂王浆，比在工蜂巢房中分泌的蜂王浆的量要多很多倍。

后来养蜂者发现，当蜂群失去蜂王后，人为地把有低龄幼虫的工蜂巢房扩大，工蜂也会在这个扩大的巢房里分泌大量蜂王浆，并把巢房里的幼虫培育成蜂王。这为人们获取蜂王浆创造了条件。

（2）蜂王浆的生产　聪明的养蜂者掌握了工蜂一旦发现王台里有了幼虫，就会在王台里分泌大量蜂王浆培育蜂王的现象后，采用瞒天过海的方法生产蜂王浆，供人类享用。

养蜂者是如何生产蜂王浆的呢？首先是培育大量的青壮年工蜂。工蜂在青壮年时是分泌蜂王浆的高峰期，因此培育大量青壮年工蜂，是生产蜂王浆的物质基础。

当有了大量的青壮年工蜂后，养蜂者就用蜂蜡仿照真王台的模样，做出很多假王台，由于用蜡做假王台费工又费时，后来人们又发现，用塑料做成的假王台，蜜蜂照样接受，因此，现在在蜂王浆生产中多用工厂生产出来的塑料假王台来代替蜡的王台，不但省时省工省本，而且可以反复使用。当一排排假王台放到蜂群后，工蜂就会把它当成真的王台，得到要培育新蜂王的信号，工蜂就有了培育蜂王的强烈愿望，开始准备分泌王浆。

有了假王台后，就把蜂群中的蜂王暂时去掉，把工蜂巢房内刚孵化不满 24 小时的幼虫移进人造王台里，把这些人造王台放进蜂群中，工蜂就向人造王台分泌蜂王浆饲喂幼虫。经过 72 小时后，王台里蜂王浆的数量和质量都达到了高峰，就可进行人工采浆了。如果采浆时间太早，王台中的王浆积累太少，含水量也太高；如果采浆太迟，王台中的幼虫已开始长大食量不断增加，会把王台中的王浆吃掉大部分，而且剩余的多是质地粗糙、营养价值差的王浆。有人做过试验，移虫 24 小时，一个王台里的贮浆量是 79 毫克；48 小时的贮浆量是 244 毫克；72 小时的贮浆量高达 400 毫克；72 小时后，王台中的贮浆量增加不明显，而且开始下降。因此采浆的时间应在移虫后 65～72 小时最为理想。

取浆的主要工具是刮匙、镊子和小排笔。取浆者用刮匙去掉王台口部工蜂加的蜡，用镊子把移进的幼虫挑出来（这条幼虫就是蜂王胎），然后用小排笔或刮匙把王浆挖出来，放在干净的王浆专用瓶里。由于王浆是一种有生物活性的高营养物质，因此取出来的蜂王浆，要尽快在低温条件下保存，最好当天就要在冰箱中放置。

由于蜂王浆的生产是一种劳动力密集型的生产方式，近年来有人研制出真空取浆机，虽然效率有所提高，但由于条件所限制，目前尚未得到普及。

在大规模的王浆生产上，一个人造王台一般平均产浆量为 200～250 毫克，每千克王浆就需要人工王台 4 000～5 000 个。一箱群势强大的蜂群，每次可装人工王台 300 个左右，可产浆 50～60 克。一箱蜜蜂一年一般可生产 1～2 千克蜂王浆。近几年，我国的蜜蜂育种工作者培育出一系列的王浆高产蜂种（简称浆蜂），每群蜂每年可产浆 8～10 千克，甚至更高，但据有关分析统计，这种高产浆的有效成分稍差。

我国现年产蜂王浆约 4 000 吨，其中有一大部分用于出口。

二、蜂王浆的理化性质

1. 蜂王浆的理化特性　新鲜的蜂王浆呈乳白色或淡黄色，

半透明、微黏稠的乳状物，刚从蜂群取出来时，呈朵状。有特殊的香气，味道酸、涩、辛、微辣、微甜。pH 为 3.5～4.0，呈弱酸性。蜂王浆部分溶于水，形成悬浊液；部分溶于乙醇，形成白色混浊物，久置分层。对热敏感，常温下容易发酵，在低温下性质稳定，在 0～5℃下贮存 10 个月后，色、香、味不会产生任何变化；在 -10℃的冰箱中可保存一年；在 -18℃可保存 3 年。光线可使蜂王浆产生氧化而变质，因此，要用不透光的容器保存。

2. 蜂王浆的化学性质　蜂王浆是一种成分极为复杂的产品。最早研究蜂王浆的是 100 多年前荷兰养蜂家斯维姆洛达和美国的约翰逊，他们只对蜂王浆的色泽和芳香味作了一些鉴定。对其化学性质的研究起始于 1852 年，美国一位叫郎斯特的人和一位化学师对蜂王浆的化学成分进行分析，此后还有众多科研工作者应用各种先进的分析仪器，对蜂王浆从成分到药理都进行分析和研究。尽管经一个多世纪的探索，但蜂王浆中还有许多未明了的物质。

根据有关分析，蜂王浆已确定的主要成分见表 3-1。

表 3-1　蜂王浆的主要成分

名　称	含量（%）	名　称	含量（%）
水　分	62.5～70	蛋白质	11～14.5
糖　类	8.3～15	脂肪类	6.0
矿质元素	0.4～2.0	未明物	2.84～3.0

现将蜂王浆中比较重要的几类物质分述如下：

（1）蛋白质和氨基酸　蜂王浆中的蛋白质约占干物质的 50%，其中 1/3 是清蛋白，1/3 是球蛋白，与人体血液中的比例大致相同。王浆中的球蛋白是一种 γ 球蛋白的混合物，具有抗菌、抗病毒、提高免疫力、延缓衰老的作用。王浆中的蛋白质有多种高活性蛋白质类物质，这些蛋白质活性成分可分为三类：类胰岛素肽类、活性多肽和 γ 球蛋白等。胰岛素类对人体有降低血

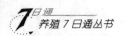

糖的作用，对糖尿病的疗效很显著。

蜂王浆中的氨基酸占干物质的 0.8%，目前在蜂王浆中至少已找到 18 种氨基酸，人体所必需的 8 种氨基酸在蜂王浆中都有存在。在游离氨基酸中，有 4 种最主要，其中脯氨酸占 55%，赖氨酸占 25%，谷氨酸占 7%，精氨酸占 4%。此外，还含有牛磺酸，每 100 克鲜浆含量为 0.02～0.03 克，对人体生长发育有着重要的作用。蜂王浆中所含的天门冬氨酸约为 72.13 毫克/克，天门冬氨酸是中枢兴奋递质，参与脊髓多触突反射；还有刺激骨髓 T 淋巴细胞分化为成熟 T 细胞的作用；能刺激或促进干扰素等化疗药物的抗肿瘤作用。蜂王浆含的精氨酸平均为 43.02 毫克/克，它与许多激素分泌有关，是生长素、胰岛素和催乳素等的分泌促进剂；有资料报道，精氨酸还是精液和精子头部的成分之一。蜂王浆中还含有谷氨酸，它不但是人体一种重要的营养成分，而且是治疗肝病、神经系统疾病和精神病的常用药物，对肝病、精神分裂症和神经衰弱有疗效。

（2）维生素类　蜂王浆含的维生素十分丰富，现将一般分析结果见表 3-2。

表 3-2　蜂王浆中维生素含量

单位：微克/克

名　称	含　量	名　称	含　量
维生素 B_1	6.90	维生素 B_2	13.9
维生素 B_6	12.2	维生素 B_{12}	+98 —
维生素 H	1.14	叶　酸	0.4
烟　酸	59.8	本多生酸	220
醋胆素	958	肌　醇	110
维生素 A	3.49	维生素 D	0.67
维生素 E	19.3		

此外，还含有泛酸和乙酰胆碱等物质。从表 3-2 中可看出，蜂王浆以 B 族维生素的含量最高。

维生素是人体正常生命活动不可缺少的物质。王浆中的维生素，是作为一种强活性物质的形式存在的。

维生素 B_1 对人体疲劳、失眠、肌肉痉挛、神经痛等有明显作用。还有促进食欲、增强记忆、提高智力、维持正常糖代谢等作用。

维生素 B_2 对促进发育、增强体质、防止衰老有直接作用。

烟酸有保护皮肤、造血机能及神经系统健康的功效。泛酸则有促进细胞更新、促进生长、延缓衰老的作用。

维生素 B_6 对蛋白质、氨基酸的代谢起着重要的作用，在血红蛋白代谢方面也有特殊的作用。

维生素 D 则有助于人体对钙和磷的吸收。维生素 E 具有抗衰老的功能。

王浆中存在的乙酰胆碱，是活性物质的重要成分，在人体内可被直接吸收利用。它对神经系统有着重要的作用，它是记忆和信息传递的支柱，能大大地提高脑力、思维能力、记忆能力和开发智力。此外，还有延缓衰老、促进动脉流量，增加或降低血压的双向调节作用，因此，王浆对神经和心血管系统都有重要的作用。

（3）矿质元素　蜂王浆每 100 克干物质中，有 0.9 克以上的矿质元素，其中钾 650 毫克，钠 130 毫克，镁 85 毫克，钙 30 毫克，铁 7 毫克，锌 6 毫克，铜 2 毫克。在这些矿质元素中，有的是人体代谢过程所必需的微量元素，如果缺乏，会导致人体正常的新陈代谢不能进行。如缺锌，会造成儿童食欲减退、智力下降、发育不良等现象，对成人则会造成性机能减退、不育不孕、伤口不易愈合等症状。

（4）有机酸　蜂王浆含有多种有机酸，而使蜂王浆呈现酸性，其 pH 保持在 3.5～4.0，这样的酸性环境能使蜂王浆的活性物质保持稳定，同时对细菌起到一定的抑制作用。蜂王浆中的有机酸主要是以脂肪酸的形式存在，有 26 种以上。此外，还有游离氨基酸、核苷酸、核酸等物质。

在蜂王浆中，有一种自然界中只有蜂王浆才存在的特殊不饱和脂肪酸：10-羟基-2-癸烯酸（简称 10-HAD），由于这种酸只有蜂王浆才存在，因此，人们也叫它为王浆酸。蜂王浆中王浆酸的含量在 1.4%～2.4%，可因不同蜂种、不同生产季节、不同蜜源植物、蜜蜂不同的群势，有所不同。王浆酸可很轻易地从蜂王浆中提取出来。

王浆酸有提高身体免疫力、抗辐射的作用；有抑制和杀伤癌细胞、延长患癌动物生命的作用；有消炎抗菌杀病毒的作用。王浆酸的存在，使蜂王浆的医疗作用更加全面、更具明显的效果。

（5）激素及激素样化合物　蜂王浆含有一大类有生物活性的激素及激素样物质，主要有含氮类、甾醇类、脂肪酸衍生物激素和激素样物质。

其中有类固醇激素，主要有 17-酮固醇、17-羟固醇、去甲肾上腺素和肾上腺素等，但其含量极为微少，只在痕量水平。

有关科研人员采用放射免疫分析测定法，对蜂王浆中的性激素进行测定和研究，发现蜂王浆中还含有极微量的性激素，其中，每 100 克雌二醇的平均值为：416.7 毫微克，睾酮的平均值为：108.2 毫微克，孕酮的平均值为：116.7 毫微克。

近年来日本的有关专家在对蜂王浆的研究中发现，蜂王浆中含有一种新的腮腺素，其对疾病的治疗效果与蜂王浆相似。此外，还发现生物蝶素等成分。

王浆中的激素成分，是一种天然产物，它对有机体不但无害而且是必不可少的。有的人谈激素即色变，这是一种误解，蜂王浆对更年期综合征、性机能失调、内分泌紊乱、儿童发育不良、神经官能症、风湿病、防止早衰和防止老人骨质疏松所产生的良好疗效，是与激素的作用分不开的。蜂王浆中的性激素，含量极微，距治疗所需的用量相差很远，一般对人体的作用极小。

（6）糖类　蜂王浆的干物质中，含有 20%～30% 的糖类物质，在这些糖类中，果糖 52%、葡萄糖 45%、蔗糖 1%、麦芽糖 1%、龙胆二糖 1%。蜂王浆中的糖类可能是来自蜂蜜。

（7）磷酸化合物　蜂王浆中含有磷酸化合物，每克鲜王浆的含量有 2～7 毫克，以三磷酸腺苷（ATP）的形式存在。ATP 是机体能量的来源，平时 ATP 贮存于肌肉中，当大运动量发生时，能在短期内大量释放出来，举重运动员能在瞬间举起几百千克重的杠铃，就是 ATP 产生的作用。ATP 可作为一种滋补品，除可提高体质外，对动脉硬化、心绞痛、肝脏病有一定的疗效。

（8）未知成分　人们通过对蜂王浆的分析，将已知的成分按天然蜂王浆的比例配制，用来饲喂工蜂幼虫，但不能使工蜂幼虫变为蜂王，这说明在天然蜂王浆中有些成分还未被检测出来，也可以说，人们暂时还无法检测它。这些未知成分约占蜂王浆的 3%。这类物质被称为"R"物质。应该说，这类物质的生物作用与一些已知物质的作用是互相关联的，且作用是很大的。

三、蜂王浆的种类及质量的简单感官鉴别

1. 蜂王浆的种类　蜂王浆的分类主要根据生产季节、蜜源植物和蜂群产量来定。

（1）生产季节　蜂王浆可分为春浆和秋浆两大类。一般在 5 月中旬以前生产的王浆可归为春浆，5 月中旬以后生产的王浆，归为秋浆。春浆乳黄色，含水量略高，微甜。秋浆色略浅，含水量比春浆稍低，辛辣味较浓。

（2）根据蜜源植物　王浆可分为油菜浆、洋槐浆、荆条浆、百花浆等。

（3）按产量　蜂王浆可分为低产（普通）浆和高产浆。由于蜂王浆为劳动力密集型的产品，产量又很低，一般一群蜜蜂一年只能产王浆 1 千克左右，因此生产成本很高。有关科研人员经过

多年的育种，育出一些王浆产量相对高的蜂种，叫浆蜂，群年产量可达8～10千克。有一些育种场竞育出群年产王浆13千克以上，甚至更高。根据大量的分析数据，高产浆的质量比低产浆稍差，产量越高，质量越次。

2. 蜂王浆的质量简单感官鉴别　蜂王浆的感官识别，主要是通过眼看、鼻闻、口尝和手搓的方法来判别蜂王浆的质量。

（1）看　主要是看颜色、看杂质。在明亮的光线下，打开装王浆容器的盖子，新鲜的蜂王浆呈乳白色到淡黄色，有光泽。如果蜂王浆颜色出现灰暗发红，则有变质的现象。正常的蜂王浆呈浆状，微黏，无蜜蜂幼虫和蜡屑等杂质，无发酵现象。如果蜂王浆上层出现有一薄层水，说明水分太多。整个容器上下的蜂王浆都要一致。

（2）闻　纯鲜的蜂王浆，有其独特的香味，如有腐臭味、牛奶味、淀粉味和其他异常的味道，则说明已产生变质或有掺假的现象。

（3）尝　用干净的器具，挑少许蜂王浆放在口里尝，可先放在舌尖片刻，然后缓缓吞下。舌尖有酸、涩、麻辣感、微甜；喉咙有辛辣的刺激感。如果味太淡，可能纯度不高，如果太甜，有可能被掺了蜂蜜。

（4）搓　取少量的蜂王浆，放在手心中，用另一只手的手指轻搓，应有细腻感和黏滑感，如果是经过冷冻的蜂王浆，还可发现有细小的结晶粒（为王浆酸在低温下产生的结晶）。

四、蜂王浆作用的发现与对生物体神奇的效应

1. 蜂王浆作用的发现和发展　发现蜂王浆的作用，是养蜂者对人类健康的一个伟大贡献。蜂王浆的作用在民间虽然流传了几个世纪，但引起有关研究人员对蜂王浆进行全面研究是在20世纪20年代，由一个加拿大养蜂家无意中的发现所引发。有一次，这个养蜂家在检查一群失去蜂王的蜂群时，把蜂群里出现的

几个急造王台顺手摘掉丢在地上，被一只母鸡啄食了，第二天奇迹出现了，这只母鸡产下了一个异乎寻常的大鸡蛋，引起了这位养蜂家的注意，他连续给这只母鸡喂了3个月的蜂王浆，结果这只母鸡产的蛋又大又多，这件事引起了科学家们对蜂王浆的兴趣。

法国的养蜂家弗郎赛·贝尔维费尔，从 1933 年开始，对蜂王浆进行了多年的研究，认为"有返老还童"的作用，并研制出王浆药剂出售。美国的医学界人士经多年收集蜂王浆进行医疗试验，认为有刺激生长的作用。由于科学家们从化学、生理、药理和临床上对蜂王浆进行了深入全面的研究，并取得了巨大的成果，使蜂王浆成为风靡全球、经久不衰的保健食品和具有医疗作用的药品。

我国是世界上最大的蜂王浆生产国，但我国的王浆生产起步却较晚。1956 年 10 月，匈牙利养蜂专家波尔霞博士应邀来我国访问，在谈话中谈到蜂王浆的作用和其经济价值（国际市场 1 千克蜂王浆的价格为 4 000～8 000 美元），而使我国的养蜂工作者得到启发，于 1957 年开始进行蜂王浆的生产。1959 年，由国内多个研究单位联合对蜂王浆进行药理和临床应用的全面研究，并取得了可喜的成果。同年，我国有关企业开始收购蜂王浆，其时，每千克价格高达 2 000 元，在当时的经济水平，这样的价格可以说是很惊人的。经过多年来的研究，我国除了养蜂者掌握蜂王浆的生产技术外，很多企业还对蜂王浆进行深加工，生产了一系列的蜂王浆制品，除满足国内需要外，还出口到世界多个国家和地区，成为世界上最大的蜂王浆出口国。

2. 对生物体神奇的效应　蜂王浆对生物体有着不可思议、令人着迷的神奇现象，现介绍如下。

（1）王浆在蜂群中的作用　我们知道，蜂王和工蜂都是由受精卵发育而成，它们之间其实是一种姐妹关系，但是成为蜂王的一步一行都受到众蜂侍奉，而成为工蜂的要在蜂群中承担一切工作，终生辛勤劳碌。尽管蜂王发育期只有 16 天，工蜂需要20～

21天，但蜂王的身体却比工蜂要大 1/3 以上，可见蜂王长得又快又大。蜂王一昼夜产卵量最高达2 500多粒，总重量比它的自身体重还要重一倍，且寿命长达 3 年。而工蜂的寿命如果在夏季繁忙的采集季节，只有 1 个月。是什么原因使这些开始处于相同地位的姐妹出现如此大的差异呢？原来，这就是蜂王浆的神奇功效所致。

工蜂只在幼虫期前3天食用蜂王浆，3天后就食用花粉与蜂蜜混在一起的"蜂粮"，造成其生殖器官发育不完全，不能交尾、不能正常产卵。如果在第三天开始，人为地对工蜂幼虫喂蜂王浆，它也能发育成蜂王。可见，是蜂王浆影响着受精卵的发育结果。

蜂王的生殖能力这么强大，这也是与蜂王浆的作用分不开的，当蜂王在蜂巢上产卵时，工蜂随时侍候在蜂王的周围，不停地对蜂王饲喂蜂王浆。当蜜蜂要进行分群时，蜂王需要离开蜂群远飞，这时工蜂就会停止对蜂王饲喂蜂王浆，几个小时后，蜂王的卵巢就停止发育，产卵也跟着停止，腹部收缩，恢复"苗条"的身材，有利于飞行。当分群飞出来的蜂群找到新的筑巢地点后，工蜂就开始筑造新居，并立即恢复对蜂王饲喂蜂王浆，蜂王的卵巢就马上恢复发育，腹部膨大，几小时后就开始产卵。由此可见，蜂王浆对生物的生殖能力的影响是十分强大的。

蜂王的长寿奥秘，也在于终生以蜂王浆为食。如果人为地把蜂王隔离起来，只让它食用蜂蜜或"蜂粮"，那么，它不但不能产卵，而且寿命也很短。这说明蜂王浆能延长生物体的寿命和延缓衰老。

（2）蜂王浆对人体的神奇效应　蜂王浆的神奇作用，在民间已流传了好几个世纪。在有关亚历山大大帝的记录和马可·波罗的游记里都有关于蜂王浆的记述，在《圣经》、《古兰经》和《犹太教法典》中都有过蜂王浆治病的记述。

据古埃及历史记载，埃及女王用蜂王浆来帮助她保持健康和美丽，因此她一直是最美丽的女人，她要她手下的佣人发誓，对女王美容的秘诀要保守秘密，要是谁走漏了秘密，就要受到重罚。

最引人注目的是 1955 年，在罗马举行的"国际理论生物进化会议"上。意大利医学家加里亚基·里西在会上宣读论文时，正式报道了蜂王浆治病的奇迹：1954 年，82 岁高龄的罗马教皇皮奥十二世重病卧床不起，危在旦夕，经他用蜂王浆治疗后，转危为安，并以惊人的速度恢复了健康，使教皇在以后 4 年里，拥有健康的身体。里西在这次演讲中，把蜜蜂形容为"上帝创造的小生物"。

前西德大臣 K. Adenauer 博士在 84 岁高龄时得了一场病，使他不得不暂时放弃职位。后来他服用了蜂王浆，使他身体得到了恢复，能够以充沛的精力重新履职，一直到 87 岁。

有一个民间传说，说的是这么一个故事：有一个大学生回家度假，在车站见到他的舅母。他的舅母推着一辆手推车，上面坐着一个样子不满周岁的小孩，这个大学生就问他的舅母：你照看的小孩是谁？他的舅母回答说：我不是在照看小孩，这是你的舅父，他昨晚食太多蜂王浆了。当然这个故事只是个笑话，是荒谬不可信的，但反映了蜂王浆延缓衰老的作用，已被人们所认识。

据说，英国皇族是蜂王浆的狂热爱好者，菲利浦王子定时服用蜂王浆；戴安娜王妃用蜂王浆来治疗早上呕吐，成了当年的头条新闻；安妮公主和玛格丽特公主也试服蜂王浆；戴安娜的继母对蜂王浆的效应深信不疑。

日本从 20 世纪 60 年代开始，就利用蜂王浆对一些疑难杂症的治疗和保健，均取得了良好的疗效。加上日本社会的重视，对蜂王浆作了大量的科普宣传，因此，食用蜂王浆很快在日本流行起来，现在，日本每年蜂王浆的使用量超过 400 吨，成为蜂王浆的消费大国，对日本人的健康和长寿起了很大的作用。日本人的人均寿命在世界上排第一，连日本人都说：日本人的长寿，受益于中国的蜂王浆。

在我国，尽管蜂王浆的生产和应用的历史不长，但服用蜂王浆出现的神奇效应也不胜枚举。

浙江省嘉兴市农业银行 64 岁的退休干部潘品荣，1982 年被上海市一家医院确诊为急性淋巴细胞白血病。当他得知自己得的是绝症血癌时，便拒绝住院治疗。在绝望之中，他想起了蜂王浆，于是，每天早中晚 3 次服用大剂量的蜂王浆，经过一个星期，奇迹出现了，白细胞从 500/毫米^3 回升到正常水平，且能下床活动。此后，老人继续每天服用 10 克蜂王浆。3 个月后，他竟能骑自行车外出。自发现白血病到此后 7 年之久，老人不但安然无恙，且身体健壮、精力充沛。这不能不说是蜂王浆给他带来第二次生命。

浙江省金华市洋埠镇下徐村村民胡祖华，1957 年切除肠肿块，1980 年患乳腺癌动手术，1989 年 6 月到医院检查身体时发现肺部患肿瘤。因她已是 77 岁的老人，身体又衰弱，不宜动手术切除，只服用一些抗癌药物，服用一个阶段后，不见病情好转，且出现食欲下降，白细胞也下降到 1 000/毫米^3。由于老人的儿子养蜂，就试着给老人服用大剂量的蜂王浆，仅仅几天时间，老人就恢复了食欲，3 个月后，到医院检查，老人肺部的肿瘤得到了控制，白细胞也上升到 5 000/毫米^3。她继续服用蜂王浆 3 个月，肺部的肿瘤奇迹般地缩小了，此后，她坚持不间断地每天两次服用蜂王浆，肺部的肿瘤缩小到近似于钙化点。她在一年半时间里，共服用鲜蜂王浆 9 千克。

笔者认识一养蜂前辈曾先生，他的亲戚潘某也患了肺癌，因其他原因不能动手术，被医院判定最多只有 3 个月的寿命，曾先生便向他的亲戚提供鲜蜂王浆，他的亲戚便每天服用 30 克以上，没有多久，症状便减轻了，3 个月后，不但没死，而且到医院检查，肿块已缩到很小，他在继续服用蜂王浆半年后，肺部的肿块奇迹般地消失了。这也不能不算是蜂王浆的又一个奇迹。

东北财经学院一教师的老母患糖尿病多年，经多家大医院治疗未能治好，后来这位教师以试试看的心情，给她的母亲服用蜂王浆，只经过一个暑假，其母的病就得到痊愈，而且不用再吃药，此后，坚持每天服用蜂王浆，糖尿病再无复发。

华中农业大学植保系李教授，患有严重的哮喘病，1991 年 89 岁高龄的他曾两度入院治疗，医院也曾发出病危通知书。后来他食用蜂王浆，使其体质得到增强，终于起死回生，转危为安。此后他坚持每日服用蜂王浆。李老 10 多年前已是满头银发，白眉雪须，经服用蜂王浆 2 年后，91 岁高龄的他竟白发转黑，墨眉乌须，食欲旺盛，思维敏捷，体力增强，尚能到室外运动。可以说，蜂王浆使李老起死回生，返老还童。

广东珠海养蜂员戴某，其妻因车祸，造成严重脑挫伤硬膜下血肿，颅骨骨折。经手术取掉一块碗口大的破碎颅骨，只缝合头皮，生命垂危，医生判断只有 50% 的生存希望。戴某为救妻子，征得医生同意，用滴管从口角给昏睡中的妻子饲喂蜂王浆，其妻很快苏醒，醒来后，加大蜂王浆的服用剂量，并用鲜蜂王浆涂搽伤口。在酷暑天气、在一个多人同住的病房中，其妻的伤口没有发生感染。后经连续两次颅骨修补手术，其妻因脑颅受损，意识模糊，部分失忆，语言逻辑混乱，听力下降，左腿不能行走。戴某继续给妻子服用蜂王浆并结合身体功能恢复治疗，经一个阶段的治疗，收到了意想不到的效果，戴妻不但恢复了记忆，生活能自理外，经医生同意，又回单位上班，连医生都说，这是个奇迹。

这个奇迹有部分应归功于蜂王浆的作用。

四川开县的朱先生，被失眠折磨了 20 多年，服用多种药物都无效。经常通宵无眠，骨瘦如柴，弱不禁风，面容憔悴，工作生活都受到了严重影响。后经医生指导服用蜂王浆，只半个月，在他身上就出现了奇迹：睡眠改善、食欲大增、精神焕发、性功能恢复，使他又充满信心地投入工作和生活。

由于职业的关系，经常有人到笔者办公室咨询有关蜂产品的问题。有一女士多次与笔者交谈，有一次让我们猜她的年纪，我们多数猜她 40 岁略多，但最后证实，她已年过 50 岁。她向我们介绍使青春常驻的秘诀是：保持乐观和食用蜂王浆，她食用蜂王浆已有 10 多年的历史。

有一老者也使我们在他的年龄上大跌眼镜，他已 78 岁高龄，但看上去就像 60 岁刚过的人，令人想不到的是，他食用蜂王浆的历史竟近 20 年。

蜂王浆外用，对美容也有很好的作用。黑龙江省甘南县的陈女士，因生活艰辛，身体早衰，脸上过早布满皱纹，对一些有一定除皱作用的高级化妆品苦于价钱太高而不敢问津。后来，早晚用蜂王浆各搽一次。没多长时间，眼角的皱纹消失了，脸上的雀斑也少了，脸也变白了，人也变得年轻起来了，心情也舒畅了，她逢人就说：是蜂王浆使我找回来了青春。

由于蜂王浆对人体具有神奇的保健和医疗效果，因此，蜂王浆在国际市场上，价格昂贵，在日本，曾经出现 1.5 千克蜂王浆可换 2 辆铃木摩托车的奇迹。在我国，由于蜂王浆的生产已具备一定规模，才使众多消费者能在较能接受的价格下，享受蜜蜂奉献的保健食品。

由于蜂王浆的奇迹实在太多，在这里无法一一列举。

五、蜂王浆的生理和药理作用

蜂王浆的神奇效应，引起了科学家们的注意，很多科学工作者对蜂王浆的成分、药理和生理作用等，进行了大量的分析、试验和研究，取得了一大批研究结果。为了能取得准确的结果，很多试验往往先在动物身上做，取得数据后，作为在人体身上应用的基础。

1. 增强身体的抵抗力　蜂王浆可以增强体质，提高免疫力，增强身体对外界不良因素的侵袭和提高身体对不良环境的适应能力。

科学家们为了解蜂王浆对有机体的影响，用小鼠做试验。他们给一组小鼠喂蜂王浆，叫给药组，一组等量喂其他食物，叫对照组。

为进行耐疲劳试验，把给药组和对照组的小鼠同时放进水中，结果，对照组的小鼠几分钟后就疲惫不堪，很快就体力耗尽而被淹死。而给药组的小鼠几十分钟后才死亡，其耐疲劳的能力是对照组的 7 倍以上。

用同样的方法，进行蜂王浆对提高机体耐缺氧、耐高温和耐低温的试验，取得了十分显著的效果。

为了解蜂王浆对机体的具体作用机理，科研人员对上述试验的小鼠进行解剖发现，对生命产生巨大影响的巨噬细胞其吞噬百分率给药组比对照组提高一倍以上，这表明机体的抵抗力有了很大的提高，国内外的学者都证明了这一点。这个结果表明，蜂王浆除了能提高机体的非特异性免疫力外，还与特异性免疫力和抗癌活性有关。

放射性物质是一类可引起身体产生某种病变的物质，如致癌、致畸等。为试验蜂王浆能否提高人体对放射性耐受力，对给药组和对照组的小鼠，同时给予足可引起小鼠致命的剂量进行放射性照射。结果，对照组的小鼠只活了 11 天，而给药组则活了 19 天，可见，其效果是十分明显的。

2. 延缓衰老　在蜂群中，以蜂王浆为食的蜂王寿命是以蜂蜜为食的工蜂寿命 7～10 倍，可见，蜂王浆具有延缓衰老的作用。用果蝇做试验，也得出相同的结果。

目前，科学家们对衰老的原因有三方面学说，即：自由基学说、神经内分泌学说和免疫学说。其中自由基学说认为：人体衰老的原因是，人体在代谢过程产生一种自由基的物质，这种物质过多地在体内积累，就会引起衰老。蜂王浆中含有一种过氧化物歧化酶（简称 SOD），有保护机体不受自由基的损伤和清除体内自由基的作用，因此，能延缓机体的衰老。

此外，蜂王浆中所含的球蛋白、泛酸和维生素 B_6 等，对机体都有延缓衰老的作用。

3. 生理调节　人体是复杂的有机体，具有多种多样的生理功能，这些功能只有协调平衡，人才能健康正常，这种平衡协调主要靠机体内分泌系统的调节控制进行。如果内分泌系统失去平衡，机体就会患病，甚至危及生命，这时就要进行人为的调整。调整的方法有两种，一是调整内分泌系统，二是增加内分泌的产物，使其产生相同的效果。蜂王浆对有机体内分泌系统，同时能产生上述两种调节作用，蜂王浆对机体的调节影响简述如下。

(1) 对生殖系统的影响　蜂王浆具有促性腺激素作用。试验表明：给雌性小鼠注射蜂王浆 21 天后，可见到其卵泡提早成熟，而且其作用与蜂王浆的用量成正比例关系。给小鼠皮下注射蜂王浆，5 天后能使未成熟的雌鼠卵巢平均增加 15 克。给切除睾丸后的雄性大鼠注射蜂王浆，可使其精囊重量增加。在蜂群中，工蜂给蜂王饲喂蜂王浆，蜂王一天产卵最高可达 2 500 粒以上，工蜂只要几小时不给蜂王喂蜂王浆，蜂王的卵巢马上停止发育并停止产卵。给母鸡饲喂蜂王浆，能使正常产蛋的母鸡增加产蛋量，能使停止产蛋的母鸡恢复产蛋。以上表明，蜂王浆具有促性腺激素的作用。

(2) 对造血系统的影响　蜂王浆能增强造血系统的功能。蜂王浆中的铁和铜等物质，是合成血红蛋白的原料，蜂王浆中的 B 族维生素复合体促进了这一作用的发生。动物试验结果表明：注射或口服蜂王浆，能使动物的血红蛋白、网状组织细胞和血小板的数量及红细胞的直径增加。此外，蜂王浆还能兴奋骨髓的造血功能，能降低小鼠因给予 6 - 羟基嘌呤（对骨髓有抑制作用的物质）所致的死亡率，延长其寿命，减轻对骨髓的抑制作用。

(3) 蜂王浆对血糖的影响　蜂王浆有降低动物血糖的作用。实验动物证明，蜂王浆能降低正常动物的血糖，也能降低动物因四氧嘧啶引起糖尿病的高血糖和代谢性高血糖。给药 2～6 个小时后，血糖分别降低 35.6% 和 40.3%，与对照组比较，效果差异显著。研究结果表明，蜂王浆能降低血糖，这与蜂王浆所含蛋白质中的几种类胰岛素肽类有关。

（4）蜂王浆对心血管系统的影响　国内外的试验结果表明，给家兔饲喂高胆固醇的饲料，其中一组长期注射或饲喂蜂王浆，经解剖表明，蜂王浆能减轻主动脉硬化、降低胆固醇和血脂，并能防止肝脂肪的浸润和肝硬化，降低由此引起的死亡率。

研究人员在麻醉的条件下，给猫静脉注射蜂王浆，能使它的血压明显降低，而且可迅速持久地扩张猫离体心脏的冠状血管。因此，蜂王浆有降低血压和扩张心血管的作用。

（5）蜂王浆对机体呼吸系统的影响　蜂王浆能改善动物肝脏线粒体的呼吸功能。给豚鼠注射或饲喂蜂王浆，8天后处死豚鼠，测定其肝脏和心脏的耗氧量。结果表明，蜂王浆使肝脏耗氧量平均增加77％以上，在各种组织中，耗氧量程度反映线粒体的呼吸功能。因此，蜂王浆明显改善了肝脏线粒体的呼吸功能。

（6）蜂王浆对碘代谢的影响　给大鼠饲喂蜂王浆一段时间后，其甲状腺重量增加。给小鼠注射蜂王浆后，其甲状腺对碘的摄取能力比对照组提高99.5％以上。结果表明，蜂王浆能提高机体对碘的摄取能力。

4. 促进组织再生　对于外伤，年轻人总比老年人愈合得快，这与年轻人生命力强，也就是说组织的再生能力强有关系。试验证明，蜂王浆能促进细胞的再生。

用人为的方法，把大鼠的坐骨神经夹伤，使其后肢屈伸反射功能暂时丧失，然后给大鼠喂蜂王浆，结果发现，蜂王浆能促使大鼠的坐骨神经再生，表现在其神经受损的后肢，反射活动恢复大大快于对照组，这证明蜂王浆对神经损伤有明显的效果。

同样用人为的方法，把大鼠部分肾脏切除，然后给它服用蜂王浆，结果也出现肾组织再生的现象，如细胞密集、出现肾小管等。

以上实验证明，蜂王浆有促进组织再生的作用。

5. 抗癌作用　癌症是人类健康杀手之一，人们往往谈癌色变。为了防治癌症，很多医药工作者在寻求治癌的药物，蜂王浆也成为科研工作者研究的对象。

加拿大多伦多大学和安大略农学院的专家们在两年之中，在近1 000只小鼠身上反复做试验，结果，接种癌细胞加蜂王浆的小鼠组，存活12个月以上仍然健康，另一组只接种癌细胞不加蜂王浆的小鼠组，21天内全部死亡。还有很多试验证明，蜂王浆与癌细胞混合给小鼠接种，完全可以阻止小鼠白血病、淋巴癌和腹水癌的发生。

试验的结果是令人兴奋的，但也有不尽如人意的地方，这就是蜂王浆只有同时与癌细胞混合植入机体内，才出现对癌细胞抑制的现象。如果等机体出现癌症后再注射蜂王浆，则作用不明显。这个结果说明，蜂王浆对癌症有预防的作用，因此，人类只要常常服用蜂王浆，就能预防癌症的发生。

蜂王浆为什么能抑制癌细胞的发生呢？实验证明，蜂王浆中的10 - HAD（王浆酸）和葵二酸等物质，都是抗癌的有效成分之一。此外，蜂王浆可以提高机体免疫力，也就可以增强机体自身的抗癌、防癌能力。

6. 抗菌和消炎作用　蜂王浆具有很强的抗菌消炎的作用。有关资料指出，蜂王浆对很多细菌有很强的抑制作用。用7.5毫克/毫升浓度的蜂王浆，能抑制金黄色葡萄球菌、大肠杆菌和巨大芽孢变形杆菌的生长。有人将蜂王浆的抗菌效果与青霉素抗菌效果进行比较试验，用大肠杆菌、金黄色葡萄球菌、变形杆菌N型和溶血性链球菌局部感染大鼠，然后，试验组用10%的蜂王浆水溶液处理，对照组用2 000单位的青霉素处理。结果，试验组的伤口在处理后的13～20天开始恢复，对照组在18～20天才开始恢复。

以上试验说明，蜂王浆有抗菌和对伤口感染具有促进愈合的作用。试验也表明，蜂王浆的抗菌谱为大肠杆菌、金黄色葡萄球菌、伤寒杆菌、链球菌、变形杆菌、枯草杆菌、结核杆菌、星状发癣菌和表皮癣菌等。

动物试验学说明，蜂王浆对甲醛导致的大鼠足趾肿胀和二甲苯引起的小鼠耳部炎症有显著抑制作用。这说明蜂王浆对炎症早期的血管通透性渗出、亢进和水肿有明显抑制作用。

蜂王浆在临床上用于治疗一些炎症均取得了良好的疗效。

蜂王浆的抗菌消炎作用与 pH 有关。当 pH 为 4.5 时抗菌性最强，pH 为 7 时，抗菌性减弱，pH 为 8 时，抗菌性消失。蜂王浆的 pH 为 3.5～4.5，因此，在天然的状况下，它的抗菌消炎性最强。

7. 关于蜂王浆的毒性　蜂王浆对机体有良好的作用，但它对人体是否有毒性和副作用，是把它作为营养品或保健品必须要了解的问题。

在日本，科研工作者用大鼠做试验，每天经腹腔给大鼠注射蜂王浆，连续 5 周，剂量为每天 300 毫克/千克、1 000 毫克/千克、3 000 毫克/千克，这个剂量对人体来说，是极大剂量的了，即一个体重 60 千克的人每天用量约为 18 克、60 克和 180 克。试验结果，都无明显毒副作用，有人甚至用到每天 16 克/千克（对人来说，就是每天食用近 1 000 克）都不能使小鼠死亡。上述试验表明，食用蜂王浆是安全的，长期服用也不会出现副作用。

有极个别人（主要为过敏性体质的人）在服用蜂王浆的过程中，可能会产生过敏性反应，出现荨麻疹和哮喘等症状，但只要停止服用，并给予抗过敏药物，症状就会消失。

六、蜂王浆在临床上的应用

蜂王浆以其复杂的药理和生理效应，用于保健以及疾病的治疗和辅助治疗，都取得了显著的效果，因此在临床上的应用十分广泛。我国蜂王浆的临床应用始于 20 世纪 50 年代末，通过 50 多年的临床观察以及药理和病理的研究，证明蜂王浆对人的机体的主要作用有：降低血脂、预防动脉硬化、降低血糖；增强记忆力、提高智力；促进造血功能，调节内分泌和代谢；延缓衰老；抗辐射、促进组织再生；提高机体免疫力、防感冒、防肝炎、防癌症等。对一些危重病人和一些用其他药物治疗无效的疑难杂症，使用蜂王浆后，竟然收到令人意想不到的效果。

应该加以注意的是，蜂王浆不是灵丹妙药，与任何一种药物一样，不能包治百病，也有其一定的局限性。但蜂王浆治疗有效的疾病范围相对较广。王浆对下列疾病的治疗，取得了令人较为满意的疗效。

1. 保健作用　很多人服用蜂王浆后，得到的感觉是：吃得好、睡得好、精神好、病痛少，这说明蜂王浆的保健作用是十分显著的。现代高度紧张的工作和生活节奏，保持良好的精神状态，显得十分重要；为了减少疾病对人体的干扰和减少医疗费用开支，人们的防病意识日益增强，因此蜂王浆就成为人们首选的保健食品，事实上，超过50％的蜂王浆就是应用于保健的。

2. 消化系统疾病　萎缩性胃炎是一种对人类危害比较大的胃病。利用蜂王浆治疗萎缩性胃炎，可得到良好的效果。北京医学院附属人民医院系统地观察了49～56岁的患者5例，他们在服用王浆后，病情都有不同程度的改善，胃液检查胃酸明显增加，除1名外，其他4名体重都有所增加，平均增加了2.3千克。其他消化道疾病（如慢性胃炎、胃下垂、十二指肠溃疡以及慢性结肠炎等）用蜂王浆进行调理治疗后，都取得了不同程度的疗效。蜂王浆对便秘的疗效十分显著，有的患者在食用蜂王浆数天后，症状就得到明显的改善。

3. 神经系统疾病　蜂王浆对神经系统有良好的调节作用，尤其对神经衰弱有显著的疗效。北京医学院第三附属医院，用蜂王浆系统地治疗神经衰弱和其他患者90例，经过2～3个月的治疗，全部有效，其中，显著好转的77名，占86％，好转13名，占14％。患者服用蜂王浆后，都感到睡眠障碍消除，睡眠质量提高，头痛头晕好转，体力和脑力明显增加，食欲改善，精神饱满，工作效率也明显提高。

蜂王浆对精神分裂症有不同程度的调节作用。对单纯型、青春型和抑郁型等的疗效较好；对幻觉妄想型和妄想型的疗效则稍次。临床证明，蜂王浆能改善患者的症状，多数服用后，情绪乐观、性情开朗、生活欲望增强、自我生活能力提高。

蜂王浆对胃神经官能症、子宫功能性出血也有一定疗效。

4. 心血管系统疾病　蜂王浆对心血管疾病有明显的疗效，且具有双向调节作用。如蜂王浆既能治疗高血压，又能治疗低血压，都能调节趋向正常。前苏联医学科学院对 12 名 58～70 岁血管硬化症的老年患者，以舌下给药的方法，用蜂王浆治疗，结果表现高血压趋向正常、冠状动脉和脑疾患者症状减轻。

蜂王浆在降低血脂、减少动脉硬化方面有明显疗效。前苏联雅罗斯拉夫医学研究所，给 16 个早期动脉粥样硬化的患者，每天服用 10 克蜂王浆，每 10 天为一个疗程，经过 3 个疗程的治疗，患者食欲增加，血压趋向正常，心绞痛消失。

北京医学院等单位，用蜂王浆治疗高血脂 51 例，经过 2 个月的治疗化验血象，平均胆固醇从 287 毫克/分升降低到 238 毫克/分升，甘油三酯由 252 毫克/分升降至 134 毫克/分升，都取得了显著的效果。

日本京都大学医学部附属医院，在对肿瘤患者进行放疗和化疗时，同时给部分患者服用蜂王浆，用浆组和对照组各 30 名，治疗前后化验血象，其白细胞、红细胞数和血色素值变化的百分率对照组比浆组明显降低，两组对比差异显著，且由放疗和化疗所引起的疲倦、恶心、食欲不振和失眠等症状，用浆组明显低于对照组。

临床观察，利用蜂王浆治疗 12 例白细胞减少、12 例血小板减少性紫癜及 15 例再生障碍性贫血的病例，结果显示：蜂王浆能增加病人白细胞和血小板数目，使用者的机体状态得到改善。临床证明，蜂王浆还能减少由一些抗肿瘤药物对骨髓造血功能的抑制作用，并能改善症状、减少出血、缩短疗程。

5. **肝脏疾病** 蜂王浆对损伤后的肝脏组织有促进再生的作用，加上蜂王浆有提高人体免疫力的功能，可提高机体抗病毒的能力，因此，用于对传染性肝炎的治疗，可取得良好的疗效，尤其对无黄疸型传染性肝炎疗效明显，对肝炎患者出现的乏力、食欲不振等症状改善尤为突出。

上海第一医学院儿科医院蜂王浆协作组，对20名小儿传染性肝炎用蜂王浆进行调理治疗，患者食欲平均5天恢复正常；黄疸4.5天好转，6.8天消失；肿大的肝脏5天开始缩小，肝功能11.4天好转。

北京医学院第一附属医院，系统地观察了35例肝病患者用蜂王浆治疗的效果，总有效率为83.9%，其中迁延性肝炎有效率为90.5%，慢性肝炎有效率为71.4%。患者的主要症状都有了不同程度的改善。观察急性肝炎患者22名，服用蜂王浆后，效果都很显著，患者所表现的症状在3～14天后都有明显的好转，肝脾肿大在3天后就开始缩小，转氨酶在10天左右下降40个单位或趋向正常，其他指标也有不同程度的改善。

罗马尼亚已把蜂王浆作为慢性肝炎治疗方案之一。

6. **糖尿病** 糖尿病是一种全身代谢性疾病，可使患者丧失工作能力，严重影响病人的生活质量。随着人们生活水平的提高，饮食结构的改变，糖尿病患者越来越多，给很多患者和家庭带来了巨大的痛苦。

目前，治疗糖尿病还是医学界一个十分棘手的问题，虽然胰岛素和一些降糖药物能够暂时控制患者的症状，但未能彻底治愈，久服还会产生一些副作用。

临床证明，蜂王浆可以调节人体的糖代谢，可以明显降低血糖，对糖尿病有显著的治疗效果，且无任何副作用。辽宁省卫生职工医院，用蜂王浆治疗Ⅱ型糖尿病患者38例，经3个月（1个疗程）治疗的效果显示，总有效率为92.1%，其中显效23

例，占 60.5%；好转 12 例，占 31.6%；无效 3 例，占 7.9%。

根据有关研究结果表明，蜂王浆对糖尿病的作用机理有如下几点：

（1）类胰岛素肽类　胰岛素是目前治疗糖尿病比较有效的药物。美国科学家研究发现，蜂王浆中含有胰岛素样肽类，其分子量与牛胰岛素相同，对糖尿病有治疗作用。

（2）修复胰脏受损 β 细胞的作用　糖尿病的发生与胰腺细胞受损、功能失调和受体缺陷有关。蜂王浆具有修复受损细胞、促使受损组织再生的功能，能使胰腺 β 细胞代谢恢复正常，促进胰岛素的分泌，而发挥正常的糖代谢作用。

（3）矿质元素的作用　矿质元素包括常量元素和微量元素。有关研究资料表明：铬有降血糖的作用，对各类糖尿病都有疗效，对 Ⅱ 型的效果好于 Ⅰ 型，对葡萄糖耐糖损伤效果最好；镁参与胰岛 β 细胞的功能调节，可改善糖代谢指标，降低血管并发症的发生率；镍是胰岛的辅酶成分；钙能影响胰岛素的释放；锌可维持胰岛素的结构与功能等。蜂王浆中含有多种具有生物活性常量元素和微量元素，因而对糖尿病患者有明显的疗效。

（4）维生素的作用　蜂王浆含有 16 种以上的维生素，对脂肪代谢和糖代谢起到良好的平衡作用，可把肥胖者的高血脂、高血糖调节到正常的水平。特别是蜂王浆中含有乙酰胆碱，具有明显降血压和降血糖的作用。

（5）促进蛋白质合成　现代研究表明，糖尿病患者因胰岛素缺乏，而使体内蛋白质代谢紊乱。蜂王浆有调节蛋白质合成的作用，因此对糖尿病患者症状有减轻的作用。

（6）增强免疫功能　人体免疫功能失调时，会导致生理平衡紊乱，易患糖尿病等多种疾病。蜂王浆对骨髓、胸腺、脾脏、淋巴组织等免疫器官和整个免疫系统产生有益的影响，能激发免疫细胞的活力、调节免疫功能、刺激抗体的产生，增强身体的免疫力，因而对糖尿病及其并发症有神奇的疗效。

7. 老年病和更年期综合征　生老病死，人之常情，随着岁月的流逝，人的机体和容颜逐渐衰老，衰老乃不可抗拒的自然规律，但延缓衰老是可以做到的，延缓衰老，就是延长生命，蜂王浆就具有延缓衰老的功能。

据国外有关资料报道：用蜂王浆治疗老年病患者134名（平均年龄70岁以上），服用蜂王浆6周以上，多数人感到精力和体力都得到了改善，主要表现在：食欲和体重都有所增加，血压趋向正常，皮肤皱纹减少，精神好转，性机能有所提高。因脑病灶引致失去语言能力数月的患者，在服用蜂王浆6周后，病情得到改善。

蜂王浆神奇的延年益寿作用，主要是蜂王浆中所含的各种物质（如王浆酸、蛋白质类活性物质、氨基酸、维生素、微量元素、类固醇激素等）相互配合、综合作用的结果。蜂王浆中的有效物质，调节着人体的新陈代谢、提高细胞的再生能力、促使内分泌平衡、增强免疫力和促进蛋白质合成，从而提高人体的抵抗力和适应能力。蜂王浆这种复壮的作用，可使上了年纪的人保持青春的活力，具有"返老还童"的功效。

更年期综合征是人体开始进入老年期时所出现的一种疾病，是一种由于人体内分泌紊乱、植物神经机能失调所引起的常见病，主要症状表现为：患者心情烦闷抑郁、脾气暴躁古怪、腰酸骨痛、食少失眠、头昏眼花、疲劳无力，性欲下降等，以女性患者为多。据北京市统计，妇女更年期综合征的发病率约为60％，具明显症状的约占10％。

蜂王浆对更年期综合征有显著的预防和治疗作用。由于蜂王浆能促进组织再生，延缓内分泌腺的衰退，调节了内分泌的功能。很多人在服用蜂王浆后，得到如下的效果：一是延缓了更年期的到来；二是减轻了更年期综合征；三是使性机能得到加强或恢复。据深圳市人民医院临床观察结果表明：利用蜂王浆治疗更年期综合征，不但内服有效，就是外用涂搽皮肤，也可收到满意的效果。在给一些妇女用蜂王浆涂搽面部作美容时，除能使其皮肤有光泽、增白、消除褐色斑和减少皱纹外，还发现一些患有更年期综合征的妇女，在用蜂王浆涂搽皮肤一个阶段后，更年期综合征也逐渐消失。由此可见，蜂王浆对治疗更年期综合征的效果是十分显著的。

8. 防癌和抗癌的作用　癌症是人类疾病三大杀手之一，在现阶段，国内外治疗癌症的方法主要采取手术切除、化学治疗和放射治疗，这三种方法虽然都有不同程度的疗效，但根治效果很有限，化疗和放疗还会对人体产生极大的副作用。

蜂王浆对癌症具有预防和治疗的作用。其作用机理在蜂王浆的生理和药理作用一节中已做了阐述。

国内外研究和临床结果表明，蜂王浆还能有效地减轻癌症患者经放疗和化疗后所产生的副作用和不良反应，如放、化疗能抑制患者骨髓和免疫功能，使白细胞和血小板减少等，使患者出现失眠、脱发、食欲不振和四肢无力等症状。

江苏中医研究所，用蜂王浆治疗365例经手术或化疗、放疗的中晚期癌症患者，疗效明显。其中，精神好转占93.9%，食欲增加占86.8%，睡眠好转占84.9%，使病人增强了治疗的信心。通过对患者进行有关检验，结果表明：服用蜂王浆患者的Cu Zn—SOD含量高于对照组；通过对患者免疫功能的测定，结果也表明，蜂王浆对患者的免疫功能有双向的调节作用，这对延长肿瘤患者的生存期是十分有利的。

由上可见，在对癌症患者的治疗中，蜂王浆是一种很有前途的辅助药物。

9. 关节炎　蜂王浆具有抗炎的功能，对关节炎有一定的治疗作用。日本用蜂王浆治疗关节炎患者27例，有效20例；国内也有人用它治疗关节炎28例，也取得20例有效的结果。英国一家蜂王浆进口商赞助有关科研人员，对200名关节炎患者用蜂王浆进行治疗研究，初步的研究结果显示：与服用安慰剂的患者相比，每天服用一次蜂王浆的关节炎患者疼痛减轻的程度高达50%。山西医学院第二附属医院,经过大量的临床治疗,得出的结果:蜂王浆用于治疗风湿性关节炎,服用2～3天,症状开始好转,疼痛减轻,精神振奋。持续治疗20～30天,可显示理想的效果。

10. 营养不良　蜂王浆中含有大量的维生素、蛋白质、氨基酸、微量元素和酶类等活性物质,有调节人体各种生理功能和增加营养的作用,对各种营养不良症有良好的治疗作用,特别对那些有可恢复性内分泌紊乱的疾病和因感染等导致营养不良的患者,其治疗效果更为明显。

北京友谊医院儿科对身体虚弱的婴儿用蜂王浆治疗,结果给浆组与对照组差异明显,表现在头发由稀疏枯黄变为浓密黑亮,大便由稀趋于成形,脸色由苍白变红润。

意大利佛罗伦萨城的一个教授,用蜂王浆治疗营养不良引致发育迟缓的3～15岁少年儿童206名,经一个月治疗后,用浆组平均体重增加7.55%,对照组平均体重只增加3.4%。蜂王浆除对婴幼儿营养不良有明显疗效外,对成人因各种疾病所引起的营养不良也都具有显著的疗效。

11. 皮肤疾病　蜂王浆对多种皮肤疾患如牛皮癣、肉赘、红斑狼疮和口疮等,都有良好的疗效。

国外的报道,用蜂王浆内服和外搽,治疗牛皮癣25例,结果1例痊愈,6例明显好转,15例好转,3例无效。

原捷克斯洛伐克西赛大学医学院附属医院,用蜂王浆外用治疗16例扁平疣患者,10人痊愈,3人无效,3人疗效不明。

湖南一医院用蜂王浆治疗红斑狼疮患者5例,治愈3例,显效2例。

湖北医学院附属口腔医院,用蜂王浆治疗复发性口疮13例,痊愈和有效9例。

12. 其他疾病　据国内外有关报道,蜂王浆对很多疾患,都有一定的疗效,如对贫血、肺结核、慢性肾炎、秃发、痔疮、胆囊炎、不育不孕和湿疹等的治疗,都取得一定的效果。

蜂王浆在临床上的应用很广泛，随着对蜂王浆研究的加深，其应用范围将不断扩大。

七、蜂王浆在化妆品上的应用

保持有一个亮丽的容颜、一种健康的肤色，是人类对美的追求。蜂王浆除可治病外，还是效果极好的美容品。试验证明，蜂王浆可以被人表皮细胞所吸收，可以促进和增强表皮细胞的生命活力，改善细胞的新陈代谢，加速代谢废物排出，减少色素沉积，防止弹力纤维变性，营养皮肤，使皮肤富有弹性等。经常用蜂王浆作为美容品，可使皮肤保持润滑细腻、消除或推迟皱纹出现。

八、蜂王浆及其制品

蜂王浆是现阶段人类最佳的天然保健品之一，越来越多的人认识到它的作用，并食用蜂王浆，因此，为了适应消费者的需要，市场上出现了种类繁多的蜂王浆制品，现介绍如下。

1. 纯鲜蜂王浆 纯鲜蜂王浆就是直接由养蜂者从蜂群中取出来、不经任何加工的蜂王浆，它的特点是一种纯天然产物，活性成分没受到破坏，保持了蜂王浆固有的成分，其功效最佳。但纯鲜蜂王浆一旦离开蜂箱，就要尽快放进低温条件下保存（在−18℃时，可保存3年不变质），因此，运输、保存和食用都不方便。由于家用冰箱的普及和纯鲜蜂王浆的疗效最好，所以纯鲜蜂王浆还是受到众多消费者的欢迎，尤其是特别适于需大剂量服用的患者（如肿瘤、心血管病和糖尿病患者等）。有的商家为了方便消费者，将纯鲜蜂王浆进行过滤，去掉生产蜂王浆时带来的蜡片和蜜蜂幼虫等，并用塑料的王浆专用瓶进行分装。消费者购买后，只要放于冰箱中即可，也较方便。

2. 蜂王浆冻干粉 蜂王浆冻干粉，就是将纯鲜蜂王浆用低温真空干燥的方法，去除蜂王浆中的大部分水分，使其成为结晶的粉状，然后用不透光的包装物进行包装，有的厂家为了更进一步方便消费者，还把蜂王浆冻干粉做成片剂或胶囊。

蜂王浆冻干粉的特点是较全面地保存了蜂王浆的有效成分，可在常温下保存一段时间，随身携带，服用方便。在避光、干燥、低温条件下可保存 3 年以上。但其价格相对较高，对需大剂量服用者会造成费用支出太大。

3. 蜂王浆蜜　蜂王浆蜜就是把蜂王浆用一定的工艺流程，与蜂蜜均匀地混合在一起。王浆蜜的特点是利用蜂蜜来保护蜂王浆，能有效地保存蜂王浆的各种有效成分，可以在常温下保存，保存期可达一年，口感较好，较易为初服用蜂王浆的人所接受。但王浆蜜中所含纯蜂王浆的量较低，一般只为 2%～20%。有人把蜂王浆通过简单地搅和与蜂蜜混在一起，很快就会出现蜂王浆上浮的现象，蜂王浆的有效成分就会受到光线、空气等的作用而受到破坏，这是不利于保存的。

4. 蜂王浆口服液　蜂王浆口服液，就是把蜂王浆加进其他辅料，做成口服液。其特点是能较好地保存蜂王浆的有效成分，口感较好，方便携带，方便食用。但蜂王浆口服液的纯蜂王浆含量太低，有香精和防腐剂的成分。

5. 蜂王浆注射液　把蜂王浆做成针剂，供注射用，在临床上较少使用。

6. 复方蜂王浆制剂　为了加强疗效，把蜂王浆和其他药品混在一起，做成口服液或其他剂型。如人参蜂王浆口服液等。

7. 蜂王浆食品　在食品中掺入蜂王浆，使其成为具有保健功能的食品，如牛奶蜂乳精、王浆奶糖、巧克力王浆和蜂蜜乳脂奶糖等。

8. 蜂王浆化妆美容品　蜂王浆以其良好的美容效果，已在化妆美容品和卫生用品上应用，如有很多护肤脂加入了蜂王浆，现在市场上可见的蜂王浆珍珠霜、蜂王浆雪花膏、蜂王浆香脂、蜂王浆香粉等产品，此外，还有蜂王浆牙膏、蜂王浆洗面奶、蜂王浆面膜等。很多女士还喜欢直接用蜂王浆代替洗面奶，其美容效果极为显著。

九、蜂王浆的使用方法

蜂王浆的使用方法是否得当，直接影响到其疗效。

1. 食量　蜂王浆到底每天应食多少才合适呢？国内外很多学者都在探讨，众说纷纭，从 0.5 克到数十克都有，没有一个具体的结果。笔者认为，蜂王浆的服用量应视具体需要、具体病情因人而异。对保健用的可用少量，治病用的则需用较大的量；治慢性病和较轻的病可用较少的量，治一些重的病和一些衰弱性病如癌症、糖尿病等，用量就相对要大些；年纪轻的、体质较好的用量可以较少，年纪较大的、体质较差的，则用量要大一点；疗效敏感的可少用，不敏感的要多用；刚开始使用蜂王浆时要用较大的量，用若干疗程后可逐渐减少用量。

笔者在实践中的体会是，保健用的一般每天可服用纯鲜蜂王浆 3～6 克（视不同体质而定，下同），一般治疗的每天可服用 5～10 克，重病的如癌症等患者每天要服用 15～30 克以上，糖尿病要服用 10～20 克，才能获得较好的效果。

2. 服用方法　只有掌握了正确的服用方法，才能使蜂王浆充分发挥其疗效。蜂王浆在 pH 为 3.5～4.5 时的酸性条件下疗效最好，因此，建议蜂王浆最好在空腹时服用，因为饭后食用，尽管进食时胃分泌了大量胃酸，但受到食物的稀释，酸性仍比较低；此外，饭前食用，还有利于消化道的黏膜对蜂王浆的直接吸收。对于胃酸太多的胃病患者，就以饭后食用较好，如果饭前食用，由于蜂王浆的酸性，会刺激胃黏膜，而产生痛感，胃酸过多的人，因其胃酸分泌过量，因此，饭后食用，胃里仍保持较大的酸性，不影响蜂王浆的效果。

蜂王浆一般人可于每天早晚空腹时各服 1 次，重病者或需大量服用者可在午餐前加服 1 次。

由于蜂王浆的味道酸、涩、辛、辣，刚开始服用，很多人不好接受，为改善口感，可与蜂蜜混合，一起服用。

服用蜂王浆，可直接吞服，也可用温开水或凉开水送服，忌用温度太高的水送服，因水温太高，会破坏蜂王浆的有效成分。

大量的试验证明，蜂王浆能直接被口腔黏膜所吸收，因此，蜂王浆的最佳服用方法是用口含服，经口腔和舌头黏膜的吸收，比从消化道的吸收效果更好。

有一些人刚开始服用蜂王浆时可能不适应，因此，刚开始服用蜂王浆时，可用较少的量，然后逐渐增加。

外用蜂王浆作为美容用品，可将纯鲜蜂王浆加入美容品中使用，最好即配即用。也可将蜂王浆直接用于表皮涂搽并加以按摩。

十、蜂王浆的保存方法

由于蜂王浆含有多种活性物质，营养丰富，不良的保存条件可使蜂王浆的有效成分不同程度上受到破坏，甚至腐败变质。蜂王浆只有保持新鲜状态才能发挥其良好的疗效，因此，对蜂王浆的贮存条件要求很严格。

蜂王浆在贮存过程中有七怕：怕空气（氧化）、怕光线、怕热、怕金属、怕细菌、怕酸和碱。

在现阶段，蜂王浆的最好保鲜条件是低温保存，有关试验证明，蜂王浆在－2℃能存放 1 年不变质，在－18℃条件下可存放 3 年不变质。

为保证蜂王浆的质量，在蜂王浆的采收、运输和贮存过程中一定要严格注意上述问题。

蜂王浆在采收时，养蜂员必须对所有的用具和容器进行清洗和消毒，容器要用蜂王浆专用的塑料瓶。采浆环境必须保持干净和无阳光直接照射，当天采收到的王浆应当天送到低温条件下保存。

对需时较多的运输，蜂王浆应利用低温运输工具。

对收购鲜蜂王浆的单位，应具有冷库。对销售的商店，也应具有低温保存条件，一般可用低温冷冻柜（能制冷到－18℃以下）保存为好。

家庭保存蜂王浆,可放在冰箱的冷冻室中,可存放一年以上。为食用方便,可取出少部分放在冷藏室中,可保存1个月左右。

蜂王浆在贮存过程中,要经常检查其变化情况,如果蜂王浆颜色变深,出现气泡或产生异味,这时的蜂王浆有可能已变质,不应该再食用。

十一、关于使用蜂王浆的一些问题

蜂王浆在使用过程中,有一些问题引起消费者的质疑和有关专家学者的争论,现就有关较常见的问题,提出个人的看法。

1. 蜂王浆中的激素与儿童服用 蜂王浆中含有多种激素,如肾上腺素、去甲肾上腺素、性激素和促性腺激素等。很多消费者谈激素色变,这是对激素的误解。其实,激素的存在,更丰富了蜂王浆的疗效。人体衰老,与体内激素水平下降有关,因此,食用蜂王浆对延缓衰老有重要的作用,此外,蜂王浆中的激素对调节内分泌紊乱、治疗更年期综合征和性机能失调等,都起一定作用。

蜂王浆中含有包括性激素在内的多种激素,对发育未成熟的少年儿童和婴幼儿,食用蜂王浆会不会引起性早熟呢? 对这个问题,专家学者的争论比较大,这个问题处理不好,会影响到蜂王浆的消费市场。

蜂王浆中所含的性激素有雌二醇、睾酮和孕酮三种。每100克蜂王浆中含雌二醇 0.416 7 微克,睾酮 0.108 2 微克,孕酮 0.116 7 微克。作为人体治疗用的性激素每月用量需要 5 000~7 000毫克,因此,蜂王浆中所含的性激素是微不足道的。那么,作为发育未成熟的少年儿童和婴幼儿能否把蜂王浆作为保健食品呢? 笔者认为,儿童及婴幼儿应慎用蜂王浆,对处于生长发育期的少年儿童,只要膳食结构合理,不偏食,一般营养是可以得到保证的,无需再去食用包括蜂王浆在内的一些滋补品,否则,可能会适得其反,造成对身体生长发育不利。

对个别发育不良、体质虚弱、身体抵抗力差的儿童，蜂王浆对他们来说，不只是性激素的作用，其所含的其他物质多数对身体有调节代谢、促进生长发育的作用，无疑是一种很好的保健品，可以适量服用，以每天0.5克为宜，半个月为1疗程，连续服用一般不要超过3个疗程。

2. 蜂王浆与过敏　对服用蜂王浆发生过敏，笔者接触服用蜂王浆者数以千计，尚未发现。但有关资料报道，极少数过敏性体质的人，在服用蜂王浆时，有可能出现过敏现象，如果出现过敏，应立即停止服用，并给予抗过敏治疗。

3. 蜂王浆与肥胖　有的人担心食用蜂王浆，会造成身体发胖，也确实有个别人食用蜂王浆后出现发胖的现象，这种现象在中老年人出现较多，其实，发胖与食用蜂王浆并没有直接的必然关系。那为什么又有人会发胖呢？原来食用蜂王浆后，蜂王浆对人体各个系统起调节作用，使人体各个系统功能正常。消化系统正常，食欲增加，饭量大，且肠胃的吸收功能增强，对营养的吸收较完全；而对于上了年纪的人，相对活动量较少，个别人出现发胖就不奇怪了。因此，对中老年人食用蜂王浆后，只要适当控制饮食，加强锻炼，就可减少发胖。

重点难点提示

1. 蜂王浆是由工蜂分泌的物质，含有独特的化学物质——王浆酸，对人体具有神奇的生物效应，有提高免疫力、延缓衰老、生理调节、促进组织再生和防癌抗癌的功效。蜂王浆口感欠佳，食用时可与蜂蜜同服，需置于低温中保存。

2. 蜂王浆各种成分对人体的生理作用以及蜂王浆中的激素对人体的影响情况。

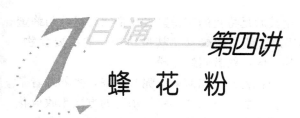

第四讲

蜂 花 粉

——植物的精华, 天然全营养素

本讲目的

了解蜂花粉的来源、化学成分、功能和保存方法等。

一、蜜蜂花粉的来源

花粉是植物的雄性生殖细胞。蜜蜂花粉, 简称蜂花粉, 是蜜蜂从植物雄花上采集的花粉, 经蜜蜂添加自身分泌的一些物质而形成的产品。

种子植物进行有性繁殖时, 其雄花花蕊上的花药里, 会产生很多粉末状的小颗粒, 叫花粉。当风或昆虫等外力, 把花粉粒带到植物雌花子房的柱头上时, 在适宜的温度和湿度条件下, 花粉粒很快就萌发出花粉管, 花粉管通过雌花的柱头伸进子房到达胚珠, 并释放出花粉管中的精细胞, 与卵细胞结合成为受精卵, 以后发育为种子。从上可看出, 花粉实际上是植物的雄性配子体。

蜜蜂要生存, 就需要食物。蜜蜂的食物主要来源于蜜蜂从外界植物上采集的花蜜 (碳水化合物的主要营养源) 和花粉 (蛋白质和脂肪的主要营养源)。蜜蜂的身上布满了绒毛, 当蜜蜂在花朵上采集时, 身上的绒毛就沾满了花粉粒, 然后, 用它足上的花粉刷把这些花粉粒刷扫在一起, 并向其内部加入了花蜜和唾液,混合成为团状，再用其后足特化的花粉篮夹住带回巢里，与蜂蜜混合后就叫"蜂粮"，这就是蜜蜂（尤其是幼蜂）的主要食物。这种经蜜蜂采集和加工的花粉就叫蜂花粉。

能供人类享用的蜂花粉又是如何来的呢？原来，当养蜂者了解到蜂花粉对人体的作用后，就用"半路打劫"的方法来收取花粉。养蜂人在蜂箱蜜蜂进出的巢门口上装了一个专门用于收集花粉的脱粉器，脱粉器上钻有许多刚好能让蜜蜂通过的小孔，当蜜蜂采集花粉飞回巢时，经过脱粉器，其身体能通过，但后足上所携带的花粉团就被截留下来，这些花粉团被收集后经除杂、干燥和灭菌，就是蜜蜂和大自然联合奉献给予人类的最完美食物——蜂花粉。

在蜂箱截获的蜂花粉，每个花粉团呈西米大小，重量大约为7～9毫克，每只工蜂每次采集可带回两个花粉团，理论上讲，一只工蜂平均每次飞行可采集花粉0.015克，即1千克花粉，蜜蜂要采集飞行约6.7万次。在外界有大量粉源植物开花时，一群蜜蜂每天收花粉2小时，可获得50～100克蜂花粉。

我国是个养蜂大国，现在每年可收获蜂花粉约3 000吨。

可贵的是，蜜蜂在花朵上采集花粉时，同时给植物授粉，它能使农作物大大地提高产量，其增产的价值是蜂产品的价值100倍以上，很多发达国家，都把蜜蜂授粉为农作物增产的一个重要措施。

二、花粉的应用史

人类对花粉的认识和应用已有很悠久的历史，我国是世界上认识和应用花粉最早的国家。早在两千多年前的《神农本草经》中，就有对香蒲花粉和松花粉医疗作用的记载，称前者为蒲黄，后者为松黄，对其作用有这样的记述："主治心腹寒热邪气，利小便，消淤血，久服轻身，益气力，延年。"

北朝民歌《木兰诗》中，有"当窗理云鬓，对镜贴花黄"之句，据专家考证，花黄即是花粉，说明在当时，人们已认识到花粉的美容作用。

唐朝的《唐本草》中对松花粉有这样的描述："松花一名松黄，甘温无毒，主润心肺，祛风止血，三月采收，拂取正如蒲黄，酒服令人轻身。"

唐孙思邈在《千金·食治》中记载了薄荷花粉主避邪，除疲劳等功能。

唐代女皇武则天，就是个花粉的嗜好者，在古籍《山堂肆考饮食卷之二》中有这样的记载：每逢百花盛放时，武则天令宫女采花粉和米捣碎蒸糕，名曰"花精糕"，并赏赐群臣。

元朝蒙族营养学家忽思慧著的《饮膳正要》记载有一道叫松黄汤的名菜，指其有补中益气和壮筋骨的功效。

明朝李时珍在他所著的《本草纲目》中则有这样的记述："今人收松黄和白砂糖，卵为糕、饼，充果品食之甚佳。"在《新修本草》中有如下的记载："松黄甘温无毒，润心肺，除风止血，亦可酿酒，服酒令人轻身"。在《随息居饮食谱》中称：松黄酒可养血息风。此后，民间食用花粉酒成风。在明朝，花粉已成为地方向朝廷进贡的物品。

花粉的应用在清朝极为盛行，皇宫内的食物、地方的贡品都有花粉。

清代乾隆年间，有一萧美人，擅长食品制作，好用药油发酵制作花粉食品，吸引了当时美食家、70岁的老翁袁枚远涉仪征，向萧美人订购三千糕。可见萧美人的花粉食品制作相当成功，受到各方人士的钟情。

由上可见，我国劳动人民很早就把花粉应用于食疗健身，是世界上最早用蜂产品作为保健食品的国家之一。

在国外，埃及、古希腊、俄罗斯和波斯等许多国家的古籍也有花粉应用及作用的记载，在圣经、古兰经和犹太教典中也有花粉的记述。

虽然蜂花粉作为一种保健食品，流传了几千年，但对其进行全面的研究却是近几十年的事。

自 20 世纪 60 年代以后，国外一些营养学家、医药学家等，相继从成分、生化、药理和临床应用等，以及采收、加工、贮存等对蜂花粉进行较全面的分析和研究，并取得了可喜的成果。此后，有许多以蜂花粉为原料的产品问世。

在我国，对蜂花粉的研究起步较晚，开始重视这方面的研究是在这近十几年。我国的有关科研人员对蜂花粉在采集技术、加工技术（干燥、灭菌、破壁）、成分分析、药理试验、临床观察和制品等方面进行研究，也相继取得了不少的成果，有不少产品推出市场，取得了良好的社会效益和经济效益，为我国的养蜂业做出了贡献。

三、蜂花粉的种类

蜂花粉的种类，主要依据粉源植物来区分，如茶花粉、油菜花粉等。我国的粉源植物种类繁多，但多数开花时，蜜蜂所采集的花粉仅够蜜蜂本身繁殖的需要，不能提供为商品性的花粉，只有少数开花时，蜜蜂能采集到大量的花粉，养蜂者才能收取到蜂花粉。在我国，最常见的蜂花粉有十几种，现介绍如下。

1. 油菜花粉　除西藏外，全国各地都有生产，是我国最大宗的蜂花粉，呈黄色，有特殊的草腥味，香味浓郁。

2. 玉米花粉　主产地为华中、华东、华北、东北和西北等地。花粉团粒较小，呈淡黄色，微带胶质状，味道较淡。

3. 茶花粉　主产地为华东和云南等地。橙黄色，气味清香，微甜可口。

4. 荷花粉　是莲藕的花粉，也叫莲子花粉。主产地为湖北、湖南、江西等地。橙黄色，清香微甜，是我国著名的花粉。

此外还有玫瑰花粉、葵花粉、荞麦花粉、芝麻花粉、瓜花粉，以及一些中草药花粉，如五倍子花粉、益母草花粉和党参花粉等。

在众多花粉中，味道较好的有茶花粉、荷花粉和五倍子花粉等。

四、蜂花粉的形态、理化性质及化学成分

1. 蜂花粉的形态　我们常见的蜂花粉呈西米大小，其实是由成千上万的花粉粒组成的花粉团。每一粒花粉是很微小的，肉眼无法看清楚其形状，要借助显微镜才能见其轮廓，借助电子显微镜才能看清其尊容。

不同的植物，其花粉的大小和形状都不相同，因此，花粉可以用来鉴定植物的种类。多数花粉呈圆球状、长圆球状和不规则状等；花粉的大小多在 10～60 微米。

同一粒花粉在显微镜下，可看到两个形态不同的面，叫赤道面和极面，花粉粒的表面是不平滑的，有的凸起叫脊，有的凹陷叫沟，还分布有一些孔状下陷，叫萌发孔，花粉管就是从萌发孔外突萌发的。

花粉粒的外面是一层坚硬的外壁，叫花粉壁。内部是含有各种营养物质和生殖细胞的内含物。内含物与花粉壁之间由一膜状物隔开。

2. 花粉的理化性质　花粉的外壁很坚硬，具有抗酸、抗碱、抗微生物分解的特性。但萌发孔、萌发沟较脆弱，在酸、碱、酶的作用下或用机械处理时，很容易破裂。

3. 花粉的化学成分

（1）花粉壁　花粉壁可分为外壁和内壁。外壁的主要成分是孢粉素、纤维素等。内壁由果胶质、纤维素、半纤维素和蛋白质等组成。

花粉所含的营养物质相当丰富，由孢粉素和纤维素为主组成的花粉壁，其理化性质相当稳定，使花粉中的营养物质得到有效的保护。

纤维素能促进动物的肠蠕动，有预防和治疗便秘的作用。

蜂花粉所含的黄酮类物质，有部分存在于花粉壁中。

（2）花粉的内含物　花粉含有人体所需的三大营养物质，如蛋白质、脂肪和糖类等。此外还含有多种对人体生理机能具有特殊功能的物质，如维生素、生物活性物质和微量元素等，具有"浓缩的维生素"、"微型营养库"的美誉。蜂花粉的营养物质主要存在花粉壁以内，据有关分析结果显示，蜂花粉的主要成分为：水分 15％～18％；蛋白质 21％～28％；氨基酸 15％～20％；脂类 1％～7％，糖类 18％～23％，纤维素 1％～5％，性质未明物 10％～15％；此外，还含有矿质元素 27 种、维生素 11种和一些具有生物活性的物质。现将花粉的各类物质介绍如下。

①水分　蜂花粉含水量的多少，主要取决于花粉收集时的环境湿度条件，环境湿度大时收集的蜂花粉含水量较多，环境湿度较小时收集的蜂花粉的含水量就较少。

②蛋白质　蜂花粉中的蛋白质含量很丰富，而且组成蛋白质的各种氨基酸的比例也恰到好处，在营养学上被称为完全蛋白质或高质量蛋白质。

据测定，蜂花粉所含的蛋白质多数在 20％～28％，因粉源植物的品种和产地不同，蜂花粉中的蛋白质含量有所差异，如油菜花粉为 25.85％，芝麻为 27.38％，玉米为 20.70％，油菜在重庆产的为 29.47％，在青海产的为 30.01％，在浙江产的为24.23％。

③氨基酸　氨基酸是组成蛋白质的基本单位，也是蛋白质的分解产物。据江月仙等人测定了来源于全国 12 个省区不同种属的 38 个蜂花粉样品，其平均含量为 170.50±39.58 毫克/克，含量最高的是七里香蜂花粉，其含量达 230.83 毫克/克。含量最低的是东北松花粉，只有 33.03 毫克/克，相差接近 7 倍。在所检测的蜂花粉样品中，氨基酸含量在平均值以上的有油菜、芝麻和党参等。含量在平均值以下的有高粱和玉米等。

同一种植物的蜂花粉在不同产地，其氨基酸含量都比较接近。人体必需（人体代谢必需，而本身又不能合成的）氨基酸总量，很多蜂花粉在10.49±5.07毫克/克之间，与动物食品中的牛肉、瘦猪肉、鲜黄鱼、对虾和鸡蛋等的平均含量（9.25±3.50毫克/克）很接近。蜂花粉与其他几种食物中的氨基酸含量见表4-1。

表4-1　每100克蜂花粉与其他几种食物氨基酸的含量

单位：克

含量 名称 \ 种类	异亮 氨酸	亮 氨酸	赖 氨酸	蛋 氨酸	苯丙 氨酸	苏 氨酸	色 氨酸	缬 氨酸
牛　肉	0.93	1.28	1.45	0.42	0.66	0.81	0.20	0.91
鸡　蛋	0.85	1.17	0.93	0.39	0.69	0.67	0.20	0.90
干　酪	1.74	2.63	2.34	0.80	1.43	1.38	4.34	2.05
混合花粉	4.50	6.70	5.70	1.80	3.90	4.00	1.30	5.70

从上可见，蜂花粉的氨基酸含量很丰富，此外，蜂花粉中的氨基酸，有部分是以游离氨基酸形式存在的，可以被人体直接吸收。

龚蜜等（1999年）报道，蜂花粉中含有大量对人体具有重要生理功能的含硫氨基酸——牛磺酸，其含量远远高于蜂蜜，也高于蜂王浆。在被测的蜂花粉样品中的牛磺酸含量差别很大。其中含量最高的是玉米花粉，每100克达202.7毫克干重；含量最低的是罂粟花粉，每100克仅48.0毫克干重。

④脂类　脂肪是人类三大营养素之一，蜂花粉最可贵之处是其所含的脂类物质，是以对人体生理功能具有重大作用的不饱和脂肪酸的形式存在的。

据有关研究人员测定，不同产地的蜂花粉样品20个，其平均脂类物质含量为3.785%（最高为7.265%，最低为0.932%），同一品种不同产地含量有差异。

据分析结果显示，蜂花粉中含有7种饱和脂肪酸和14种不饱和脂肪酸，饱和脂肪酸占脂肪总量的25.23%，不饱和脂肪酸占64.52%。

由上可见，蜂花粉是一种具有高蛋白、低脂肪特点的保健食品。

⑤微量元素　蜂花粉中的微量元素多达20多种，有钾、钠、钙、镁、锌、铜、铁、锰、硒、镍、铬、钴等。人体14种必需的微量元素在蜂花粉中都存在，但也存在一些对人体有不良作用的元素如镉、砷、铅、汞等，不过，这些有害的矿质元素在蜂花粉中的含量很微少，在国家有关标准限量之内。

分析结果显示，蜂花粉中钾的含量最高，达4 306～9 968微克/克，钠的含量为92.54～450.9微克/克，这种比例显示出蜂花粉呈高钾低钠的现象，因此对预防和治疗高血压、糖尿病、冠心病和肾脏疾病有良好的功效。

钙在蜂花粉中的含量为1 960～6 360微克/克，钙在人体内，是重要的细胞内信使，钙离子对淋巴细胞和吞噬细胞能起调节作用，还能激活多种酶类。钙还是骨骼等的主要成分，人体缺钙，会造成发育不良，出现骨质疏松和软骨病等。钙能增加心肌的收缩作用，具有抑制肌肉的兴奋性、镇静神经对刺激的感受性，此外，还有利于人体对维生素 B_{12} 的吸收。因此，利用蜂花粉来治疗由于缺乏钙而引发的疾病，可以收到明显的疗效。

镁在蜂花粉中的含量很丰富，平均在1 984±658微克/克。镁是心血管系统的保卫者，可防止心血管系统受损，还可有效地防止因食用含高胆固醇食物而引起的冠心病，因此，蜂花粉用于预防和治疗冠心病可收到好的疗效。

铜在蜂花粉中的含量平均值为12.54±3.9微克/克。铜是人体造血的重要原料，铜直接影响机体对铁的吸收，是一些重要酶和辅酶的成分。人体缺乏铜元素，会引起贫血、易发生骨折等疾病。

锌在蜂花粉中的含量也很高，平均值为36.04±14.54微克/克。锌在人体内具有"生命之花"的称号，锌与人体内高达80多种酶的活性有关，它可直接影响核酸和蛋白质的合成，影响细胞的分裂、生长和再生等。因此，人体缺锌，可引发多种疾病，对儿童的影响尤其重要，儿童缺锌，会出现食欲不振、发育缓慢和免疫力下降等疾病。因此，通过食用蜂花粉，补充人体内的锌，对保证儿童正常生长发育具有重要的作用。

蜂花粉中含有大量的铁，平均值高达 36.04 ± 14.54 微克/克。铁在人体内参与血红蛋白、肌红蛋白和细胞色素过氧化氢酶等的合成，并与很多酶的活性有关。因此，人体内缺铁会造成细胞色素及一些酶的活性减弱，引致氧气供应不足及造成贫血等。

锰在蜂花粉中的含量为 23.5 ± 7.20 微克/克。锰在人体内是很多酶和辅酶的组成成分，并参与蛋白质的合成和遗传信息的传递。缺锰会引致贫血、癌肿、骨畸形和弱智等，因此，蜂花粉中锰的作用是不容忽视的。

蜂花粉中的铬、镍、钴也是人体必需的微量元素，对人体具有重要的生理功能。

分析结果还发现，在某种蜂花粉中，有某种微量元素的含量特别高，如枣树花粉铁的含量高达 1 534 微克/克，是均值的 3 倍多；枣花中锰的含量高达 44.26 微克/克，接近均值的 2 倍；江西的高粱花粉锌的含量高于均值的 3 倍。这说明可利用一些特种的花粉来治疗一些疾病，有利于蜂花粉资源的开发和利用。

⑥维生素　蜂花粉有微型维生素库之称。据分析蜂花粉含有维生素种类多达 10 多种，都是维持人体正常生理功能所必需的一类化合物。维生素存在于天然食物中，只要极少量就可满足人体正常生理功能的需要，但如果人体缺乏某种维生素，就会引致生理代谢紊乱，出现维生素缺乏的相应症状，这一点，我们在蜂蜜一讲中已有阐述。

蜂花粉中维生素的含量尽管很少，但种类十分齐全。现将蜂花粉中的维生素种类及其含量见表 4-2。

表4-2　蜂花粉中维生素的含量

单位：微克/克

名称	含量	名称	含量
维生素 B_1	1 560	维生素 B_2	1 330
烟　酸	5 980	本多生酸	22 000
维生素 B_6	1 220	维生素 C	49 200
维生素 H	620	叶　酸	1 560
肌　醇	900	维生素 K	1 250
维生素 A	5 067	维生素 D	1 347

⑦糖类　糖类也叫碳水化合物，是生物三大营养源之一，是人体能量的来源，是构成机体的一种重要物质，并参与机体的多种生命活动。蜂花粉中的糖类约占干物质的1/3，主要种类为葡萄糖、果糖和淀粉等。

⑧酶类　酶是一种具有生物活性的特殊蛋白质，它参与生物的一切生命活动，离开了酶，一切生命活动就停止。

蜂花粉中含有80多种酶，主要为过氧化氢酶、还原酶、转化酶、淀粉酶、碱性磷酸酶、酸性磷酸酶、胃蛋白酶和酯酶等。蜂花粉如果保存条件不当，可导致酶的活性下降甚至丧失。

⑨黄酮化合物　黄酮类化合物是一类具有很强生物活性的化合物。蜂花粉对人体具有神奇的功效，是与黄酮类化合物的作用分不开的。黄酮类化合物具有抗动脉硬化、降低胆固醇和缓解疼痛以及防辐射的作用。

据来自全国不同地区、不同品种的20个样品测定结果显示，蜂花粉中含的黄酮类化合物平均值为1.756%。

从上可见，蜂花粉的营养成分是很丰富的，不但种类多，且含量高，因此，花粉就有了"天然全营养素"之称。

五、蜂花粉的感官检验

蜂花粉的感官检验主要通过眼看、鼻嗅和口尝来鉴别。

1. 眼看　通过看蜂花粉的外形、颜色和干燥度、纯度，来检验花粉是否有虫蛀、初步判别蜂花粉的杂质含量以及品种等。

外形：颗粒整齐，外表干燥、无粉末、无霉变、无虫蛀等。

颜色：颜色要一致，表面光滑有光泽。

杂质：蜂花粉中不能混有蜂尸、泥沙等杂质。可取少量花粉放进玻璃杯中，加入水并搅拌，使花粉溶解，放置 30 分钟后，观察杯底情况。

2. 鼻嗅　蜂花粉有特殊的辛香气，不应有发酵味或酸味。

3. 口尝　微涩，略有甜味，无异味。

六、蜂花粉的神奇效应

古今中外，花粉早就在保健和治病上得到应用，并取得了神奇的疗效。

传说中的希腊女神希格拉底因吃了向日葵花粉、喝了向日葵花粉酿的酒，而变得美妙绝伦、青春长驻。

2 000多年前的埃及女王就用向日葵花粉来美容和健身，因而使她得以保持美貌、年轻和充满活力。

在第二次世界大战中，美国空军中校托马斯负伤于缅甸森林中，两脚坏疽化脓。当地居民用花粉给他敷伤口，并用大量的花粉给他作食品，结果，在缺医少药的情况下，使他得以康复。因此，是花粉救了托马斯中校的生命。

在世界上，许多名人也以蜂花粉为食，保持身体健康。美国前总统里根，天天食用蜂花粉，年近 80 岁，仍行走轻盈。据报道，里根夫人也是用蜂花粉作为美容保健食品，而且作为秘密，不轻易外宣。

在古代，我国很早就把花粉应用于疾病的治疗。唐代著名大诗人李商隐，25 岁中进士，只做过几次小官，后因不得志长期忧郁而身心俱伤。公元 847 年，李商隐身患黄肿、阳痿等症，百药无效，后经食用玉米花粉而得以痊愈，有感于此，他在《古今秘苑》中写下了赞颂玉米花粉的诗句：栎林蜀穗满山岗，穗条迎风散异香，借问健身何物好，天山摇落玉花黄。

武则天嗜好食用花粉，年过八旬，仍满面红光，精神饱满，亲自料理朝政。

近十多年来，我国有关科研工作者和医学工作者，在对蜂花粉功能研究过程中发现，蜂花粉对机体具有神奇的功效。

上海同济大学花粉应用研究中心，用家蝇为实验材料，处理组饲喂蜂花粉提取物，对照组只给普通食物。结果显示，处理组的家蝇平均寿命比对照组延长了 9.63%，对家蝇的近肠上皮细胞进行观察，引起机体衰老的脂褐素在细胞中的积累情况在同一生长阶段，处理组比对照组轻。脂褐素是机体内不饱和脂肪酸受到自由基的损害，过氧化而形成的一类代谢残物，蜂花粉对机体有抗氧化作用，可以抑制不饱和脂肪酸的过氧化作用，保护了机体的正常功能，从而得以延长寿命。

河北省魏县张二庄乡礼教村王志普的父亲患了天泡疮，遍身水泡，破后周身糜烂，疼痒难忍，白细胞达 2 万以上，持续高烧，不思饮食，体质迅速下降，苦不堪言。经住院治疗 2 个月，病情基本痊愈。但出院 2 个月后又复发，虽再经治疗，但每隔一段时间又再复发，造成身体极度虚弱，精神压力很大，到了痛不欲生的地步。后来，试用蜂花粉治疗，结果奇迹出现了，长达两年、久治不愈的顽疾竟一去不复返，身体比以前更加健康，年近80 岁高龄，仍能参加劳动，且极少生病。

七、蜂花粉的生理和药理作用

蜂花粉具有神奇的疗效，它作为食品和药品的应用，远在古代就已开始，由此可见，蜂花粉的药理作用是很广泛的。

1. **蜂花粉的降血脂作用**　心脑血管疾病，是当前世界上严重威胁人类健康的一大杀手，随着经济的发展，人们膳食结构的变化，心血管疾病的发病概率增高。专家们认为，高血脂是引起心血管疾病的一个主要原因，因此，降低血脂是预防和治疗心血管疾病的一个有效措施。现在，治疗高血脂的药物虽然都有一定效果，但也存在一定的副作用，不宜长期食用。通过有关试验和临床观察结果，很多学者认为蜂花粉含有人体代谢所需的各种重要营养成分，它们当中许多成分都参与人体脂质代谢及抗氧化过程，因此，蜂花粉能有效地降低血清中的胆固醇，降低血脂，可预防和治疗冠心病的发生。

有关研究人员用大鼠做试验，先用高脂饲料饲喂大鼠，进行高血脂症造型。然后给予其中一组饲喂蜂花粉，叫花粉组；一组饲喂普通饲料加降血脂的药物，叫给药组；另外一组只给普通饲料，作为对照组。结果显示：花粉组与给药组一样，血清中冠心病的促进因子甘油三酯、总胆固醇等明显低于对照组，其中总胆固醇降低 35％以上，甘油三酯降低 25％以上；对冠心病促进因子有抑制作用的冠心病保护因子——高密度脂蛋白，花粉组和给药组比对照组平均高 50％以上。由此可见，蜂花粉对降低血脂、预防和治疗冠心病有明显的疗效。

2. 蜂花粉对机体造血功能的影响　蜂花粉能刺激骨髓的造血功能，对各种原因引致机体造血功能低下有保护作用。实验表明，小鼠经钴 60 照射后，对骨髓的造血细胞产生强烈的杀伤作用，造血细胞、外周白细胞总数和有核细胞明显减少，花粉组在照射后第 8 天已恢复正常，而对照组到第 11 天还低于正常水平。

3. 蜂花粉对机体抗逆性的影响　蜂花粉能提高机体耐缺氧能力。有关实验表明，小鼠在减压缺氧下，花粉组的存活率是 83.5％，对照组只为 9.4％；在密闭缺氧下，花粉组的存活率是 45.9％，对照组只有 31.1％，差异都很显著。

实验还表明，蜂花粉能提高机体耐疲劳的能力。小鼠在水中游泳，花粉组的平均存活时间为 173.7±21.6 分钟，对照组只有

154.4±17.56 分钟，差异显著。

上述实验可看出，蜂花粉能提高机体的抗逆能力。

4. **蜂花粉的抗衰老作用** 古今中外，花粉都是养生和延缓衰老的保健食品。蜂花粉具有如此的功能，是蜂花粉中各种成分综合作用的结果。蜂花粉除了能向人体提供丰富的营养物质外，还能提高机体的免疫力、促进身体的新陈代谢、调节身体平衡、增强身体对不良环境的适应性等，对延缓衰老都具有重大的意义。

自由基学说是人体衰老原因的主要学说之一，超氧化物歧化酶（SOD）是自由基损害的主要防御酶，能对氧化的毒害反应提供保护作用，可使体内氧化反应过程所产生的过氧化物，在对人体产生损害之前清除掉。据医学工作者的研究结果显示，SOD的含量与寿命的长短有关，寿命越长，其体内SOD的含量越高。蜂花粉具有提高人体内SOD的活性、促进SOD的合成的重大作用，因此，蜂花粉有延缓衰老的功能。专家们用小鼠作为材料，其研究结果显示：小鼠肺组织中SOD的含量，中老年花粉组为12 293±7 152微克/克，中老年对照组为3 441±1 782微克/克，青年对照组为5 665±2 947微克/克，可看出，差异极为显著。通过试验还表明：蜂花粉还能增加血红细胞中ATP的含量，降低心肌中脂褐素的含量，减缓机体衰老过程，提高脑记忆力和激素水平，老年人的体质就自然得到改善。因此蜂花粉抗衰老的作用是很明显的。

5. **蜂花粉的抗辐射作用** 辐射可造成机体组织和细胞的损伤，会加速机体的衰老和免疫功能下降而引发多种疾病。用小鼠通过钴60照射，使其受到损伤，造成过氧化脂质含量增高，然后以蜂花粉进行治疗，同时用维生素E作为抗放射损伤的药物对照。结果表明：服用花粉的小鼠血浆和肝脏组织内过氧化脂质水平明显低于对照组，前者为7.20纳摩尔/毫升，后者为11.22纳摩尔/毫升，维生素E组的水平更低，为4.34纳摩尔/毫升，差异显著。经照射后小鼠体重减轻以及脾脏缩小和减轻的变化，花粉组得到恢复，维生素 E 组不能恢复，说明花粉组的疗效比维生素 E 更好。由此可见，蜂花粉可有效地保护机体不受放射损害，具有预防和治疗的作用。

6. 蜂花粉对前列腺增生、前列腺炎和提高男性性机能的作用　前列腺增生是男性老年人最常见的慢性病，更年期后的男性，发病率高达 75％以上。研究人员用雄性小鼠做试验材料，进行蜂花粉对前列腺增生作用的研究。研究者用药物对小鼠进行处理，使其前列腺出现增生，然后，用蜂花粉进行治疗。结果显示：治疗 30 天后，花粉组小鼠的前列腺体由 60.6±2.6 毫克减至 37.40±3.2 毫克，对照组无变化。由此可见，蜂花粉对增生的前列腺体减重效果明显，对前列腺增生有治疗的作用。

在对前列腺炎的治疗应用中，蜂花粉同样取得了良好的疗效。

蜂花粉对提高男性性功能也有令人满意效果，这可能与有部分 ED（性功能障碍）患者是因前列腺炎等问题而引起有关。同时，蜂花粉作为植物的生殖细胞，可能对人体的生殖系统有一定作用。另外，蜂花粉的全营养功能对补充人体的精力也有一定作用。

7. 蜂花粉对增强免疫功能的作用　蜂花粉能增强机体的免疫功能。钱伯初等通过实验证明，蜂花粉能使小鼠的脾脏和淋巴结的重量增加，说明对免疫器官有刺激作用，能提高机体的免疫功能。此外，蜂花粉还可激活肝脏的巨噬细胞的吞噬活动，提高巨噬细胞的吞噬能力。因此，蜂花粉有增强免疫功能的作用。

8. 蜂花粉有增强记忆力、改善脑功能的作用　蜂花粉所含的营养很全面，对脑细胞和神经细胞具促进生长发育的作用。如占大脑重量的 70％、脊髓重的 80％是由不饱和脂肪酸所组成，蜂花粉含有丰富的不饱和脂肪酸，为脑细胞和神经细胞的发育提供了原料和能量，并有滋养的作用。蜂花粉的成分，有的是神经细胞合成神经传递质的物质，如蜂花粉中的色氨酸、酪氨酸和胆碱等，是合成5-羟基色胺、多巴胺、去甲肾上腺素和乙酰胆碱等神经传递物质的前体。

由于蜂花粉为大脑和神经细胞的生长发育和活动提供原料、营养和能量，因此能改善记忆功能，提高智力。

9. 蜂花粉对保护肝脏的作用　蜂花粉对肝细胞具有保护作用。蜂花粉中的活性物质、维生素和微量元素等，有助于肝功能的恢复，有促进细胞的免疫功能，能提高淋巴细胞的活性和数量，对受损肝细胞有一定的修复作用。实验证明，因四氯化碳中毒，造成大鼠肝内的 TG 含量明显增高，经蜂花粉治疗后，与对照组比较，TG 的含量显著下降。因此，蜂花粉有护肝和治疗肝受损的作用。

10. 蜂花粉对人体的副作用　蜂花粉作为一种营养丰富、疗效显著的保健食品，要在临床上广泛应用，就要了解蜂花粉对人体的副作用，这是很必要的。

（1）蜂花粉的毒性　为了观察蜂花粉的急性毒性，科学家们用小鼠做试验。科学家们把小鼠分为 4 组，分别将 5 克/千克、10 克/千克、20 克/千克和 40 克/千克的花粉制剂 0.2 毫升进行灌胃，结果，48 小时内无一死亡，这表明蜂花粉无急性毒性。

亚急性毒性观察，每天对供试的大鼠由胃灌入 0.25 克/毫升浓度的花粉制剂 2 毫升，连续观察 30 天，未见实验大鼠出现异常现象，这说明蜂花粉无亚急性毒性。

从上面可看出，用实验中的用量，折合一个成人每天服用蜂花粉为 1 250～2 000 克，也不会出现急性和亚急性中毒。

（2）蜂花粉的致畸作用　长期服用蜂花粉会不会产生致畸作用，也是衡量蜂花粉的安全性之一。科学家们作了这样一个实验。给刚怀孕的小鼠按每天每千克体重 1 500 毫克的量饲喂蜂花粉，然后对产下的仔鼠各种器官进行全面检查，与对照组对比，未见显著性差异。因此，蜂花粉无致畸的作用。

（3）蜂花粉的过敏反应　过敏反应是一种变态反应，是机体在接受某种物质刺激后使机体对该种抗原的敏感性增高，当再次接受同样抗原时，机体所表现出来的一种异常反应。花粉就是引起人类产生过敏的主要物质。

在自然界中，根据植物花粉的传播方式不同，可把植物的花分为两种，一种需要利用气流进行传播花粉的叫风媒花，在花开季节，在空气中大量存在。一类需要借助昆虫进行传播花粉的叫虫媒花。引起人类过敏的花粉，主要是风媒花，而蜂花粉是典型的虫媒花，这类花粉极少引起人类过敏。

为观察蜂花粉的过敏性反应，科学家们将一定抗原物质花粉水溶液（0.25 克/毫升）2 毫升注入豚鼠的腹腔，隔 1 日再注射 1 次，两周后，再给已致敏的豚鼠腹腔注射 3 毫升蜂花粉水溶液，结果，在所有供试的豚鼠中，均未见有过敏现象出现。可见，蜂花粉不产生过敏现象。

但在现实中，有极个别的人食了蜂花粉出现过敏现象。这在其他的普通食物中，如牛奶、鱼、虾、蟹及某些蔬菜等，有个别人吃了也会出现过敏现象。因此，蜂花粉跟普通食物一样，不排除个别过敏性体质的人吃了会产生过敏现象，但对一般人则不会出现。

综上所述，食用蜂花粉是安全的。

八、蜂花粉在临床上的应用

在古代，我们的祖先已经懂得用花粉治疗各种疾病，近几十年来，由于对蜂花粉的研究不断深入，因此，蜂花粉的临床应用也就越来越广泛，现介绍如下。

1. 蜂花粉对心脑血管疾病的治疗　心脑血管疾病是当今世界上威胁人类的第一大杀手，随着生活水平的提高，人们膳食结构的改变，心脑血管疾病的发病率不断上升。高血脂是引致心脑血管疾病的一大因素，当前临床上治疗高血脂的药物，或多或少对人体都有一定的副作用。因此，蜂花粉就成了一种安全、有效的治疗高血脂药物。

浙江省医学科学院用蜂花粉治疗 26 例高血脂患者 2 个月，患者的血清总胆固醇的平均含量，由服用蜂花粉前的 207±33 毫克/分升下降到 167±28 毫克/分升；甘油三酯由 236±132 毫克/分升下降到 149±108 毫克/分升；低密度脂蛋白由 360±64 毫克/分升，下降为 331±87 毫克/分升，以上构成高血脂的要素都有明显下降。而对人体有益的高密度脂蛋白胆固醇由 57±18.7 毫克/分升上升到 70±11.6 毫克/分升。可见，蜂花粉对治疗高血脂的效果很显著。

2. **蜂花粉对习惯性便秘的治疗**　习惯性便秘，是一种常见的疾病，它给患者带来了极大的身心痛苦和折磨。对同时患有心脑血管疾病的、上了年纪的患者，更是一种潜在的危险因素，这些患者常可因用力排便而发生意外。因此，治疗便秘，对保证中老年人的健康是很重要的。现在，治疗便秘的药物很多，一些也很有效，但也有不少有副作用，如腹泻、头晕等；有的则治标不治本，停药后便秘就重新发生。因此，蜂花粉作为一种治疗便秘有效、无副作用的药物，显得尤为重要。

法国的肖邦博士在报告中说：对慢性便秘患者给予花粉治疗，在 3 到 5 天，效果就很明显。并认为花粉治疗便秘的效果具有连续性，其中有 25 年连续便秘史者，每日不服用通便药就不能排便，服用蜂花粉 4 个月后，排便恢复正常。

有关研究人员对 171 例习惯性功能性便秘患者进行治疗效果观察，其中男 38 例，女 116 例，年龄在 1～103 岁之间。这些患者均排便困难、大便干燥、量少等。经用蜂花粉胶囊治疗，每天 3 次，每次 0.8 克，一周为一个疗程。其中 164 例在服用蜂花粉 2～3 天后，便秘症状有明显改善，有效率达 95.9%。表现为患者排便间隔时间和排便时间缩短、粪便软化、便量增加、便秘痛楚和排便不完全的感觉减轻等。

蜂花粉对便秘的治疗效果，不受年龄、性别、便秘史和治疗史的影响；治疗作用缓和，不出现腹泻等副作用。蜂花粉能有效地治疗便秘，其主要生理效应在于蜂花粉可调节肠功能的紊乱，使回、结肠张力和活动增加，从而缓解便秘。所以，蜂花粉有"肠道警察"之称，是肠道紊乱的有效调整剂。

3. **蜂花粉对前列腺病的治疗** 前列腺增生是中老年男性一种常见病，前列腺炎除中老年男性患病外，有部分青壮年男性也常发生此病。无论前列腺增生还是前列腺炎，其症状都有尿频、尿急、尿流细小、尿后不尽等症状。前列腺炎还会出现尿痛、腰酸、会阴部坠胀，甚至性功能减退、不育等症状。直肠指检或 B 超检验，呈现前列腺增生或前列腺炎症，前列腺炎患者其前列腺液检验还可见炎症细胞。前列腺病给患者生活、工作和家庭带来极大的痛苦。由于很多药物很难透过前列腺表面进入腺体中，因此，目前治疗前列腺病的药物都还不十分理想。

蜂花粉对前列腺增生和前列腺炎的治疗效果很明显，国内外的医学工作者都很重视蜂花粉对前列腺病的治疗应用。罗马尼亚内分泌学家米哈伊雷斯库博士，使用蜂花粉治疗前列腺病患者 150 例，有效率达 70% 以上。

浙江老年病研究所等单位，观察了蜂花粉治疗前列腺增生症 100 例，结果显效 56 例，占 56%；有效 37 例，占 37%；无效 7 例，占 7%，无一例加重，取得总有效率为 93% 的疗效。

广州 177 医院用蜂花粉治疗前列腺炎并发男性不育患者，取得了明显的疗效。在用蜂花粉治疗的 488 病例中，144 例完全治愈，占患者总数 29.51%；显效 250 例，占 51.23%，好转的 51 例，占 10.45%，无效的 43 例，占 8.81%，总有效率达 91.19%。现将其中一典型病例介绍如下。

患者江某，男，45 岁，主诉结婚 10 年未育，平日总感腰骶部酸痛，会阴部感到不适，有时出现尿急尿频，尿前尿后有白色分泌物。指肛检查，前列腺变大变硬，精囊增大有压痛，按摩取前列腺液送检，卵磷脂小体25％，白细胞＋＋＋＋，精液检查量2.5毫升，灰黄色，精子密度5 000万个/毫升，活动率40％，白细胞5～7/H。经用蜂花粉治疗3个月，自觉症状消失，前列腺、精囊缩小变软。卵磷脂小体达75％，白细胞3～5/H，精液量3毫升，灰白色，20分钟完全液化，精子密度6 800万个/毫升，活动率75％，已使女方受孕，并产下一健康男婴。该项目主治医生利用花粉治疗因前列腺炎所引起的男性不育，取得了良好的疗效，使多个患者恢复了正常的生育能力，给多个不幸的家庭带来了幸福，因此，获得了"送子观音"的美誉。

4. 蜂花粉对增强记忆力、改善脑功能的作用　蜂花粉含有多种不饱和脂肪酸、磷等微量元素及其他营养物质，对神经系统有滋养和提高功能的作用，因此，可促进青少年神经系统的发育，增强记忆力；预防老年人脑细胞功能的衰退都有很显著的作用。

蜂花粉是脑力疲劳的最好恢复剂。法国著名花粉学家卡亚认为：花粉有助于清晰头脑，开拓思路，有助于理解问题。服用花粉后，疲劳迟钝的头脑便感清醒和灵活，思路大开，这是咖啡和烟草无法办到的。

蜂花粉还具有促进睡眠的作用，对失眠患者的疗效很明显。临睡前食用蜂花粉，可以提高睡眠的质量，睡得深、睡得甜，因此，有利于提高记忆力。

杭州大学心理学系，在利用蜂花粉进行提高记忆力的试验后认为：蜂花粉有提高记忆力的功能，对智力迟钝、或因营养不良等引起记忆力低下，或中、老年人记忆力衰退的疗效极为显著。

5. 蜂花粉对调节内分泌、改善性功能和治疗男性不育的作用　内分泌系统是机体生理活动的一个重要调节系统，蜂花粉能促进内分泌腺体的发育、提高内分泌腺的分泌功能。

蜂花粉对内分泌失调和更年期综合征的治疗效果令人满意。

Bogdan Takovcie 医生，用蜂花粉治疗 13 名年龄在 18～22 岁的月经无规律和痛经的少女，服用蜂花粉 2 个月，患者月经规律都得到改善，痛经症状消失。他还对 74 名年龄在 45～55 岁，患有更年期综合征的妇女，用蜂花粉进行治疗试验，其中 38 名服用蜂花粉，36 名只服用安慰剂作为对照。结果，服用蜂花粉的 38 例中，有 34 例（占 89%）更年期指数明显下降，从服用前的 30～36 下降到 19，更年期症状明显减少，表明更年期症状已显著改善。其中 14 名（占 36.8%），其更年期综合征指数降到 10 以下，表明更年期综合征已基本消失。

在北欧，有些人为了增进健康，长年服用蜂花粉。在这些人中，有些超过 60 岁的女性再来月经，有 70 岁以上的男性还能生儿育女。在临床上，很多阳痿的男性，经用蜂花粉治疗后，恢复了性功能。

蜂花粉在治疗男性不育上，也取得了显著的疗效。Osma-magic 教授，观察了 75 名由于精子缺乏、性功能低下的不育男性。服用蜂花粉 1 个月后，有 57% 的患者对性生活感到满意，25% 的患者的性生活有所改善。大多数患者精子的数量和质量都有了明显提高，其中有两例妻子怀了孕。

吴宜澄等（1999 年）用蜂花粉治疗男性精液异常性（精子数量少、精子无力等）不育症 156 例，取得临床治愈率 74.4%，总有效率 89.8% 的疗效，经随访，痊愈率（治疗后女方受孕）达 48.1%。

6. 蜂花粉对抗衰老的作用　在很多小说中，常有一些道行高深的修道者，用松黄为食，结果年过百岁，仍鹤发童颜。这虽然是作家的想象，但花粉抗衰老、延年益寿的作用的确存在。

有报道，46 例老年人每天服用蜂花粉 12 克，服了 60 天，结果，有 37% 睡眠改善，62% 体力增强。大多数服用者的记忆力都有了明显的提高，血睾酮、雌二醇等激素水平和 SOD 的活性也都有了提高，而脂褐素等有害物质的含量有所下降。这表明，蜂花粉具有抗衰老的作用。

7. **蜂花粉对贫血的治疗作用** 试验动物已证明蜂花粉能促进造血细胞的生成，因此，蜂花粉具有促进人体造血功能的作用。

法国一家防痨院，给儿童服用蜂花粉治疗一般贫血，1～2个月后，贫血儿童的红细胞平均增加25％～30％，血红蛋白增加15％。维生素B_{12}缺乏造成贫血的人食用蜂花粉几天后，主观症状明显改善。低血色素的贫血患者，服用蜂花粉1个月后，红细胞、白细胞、血红蛋白和血色素指数等均有明显增加。

8. **蜂花粉对预防高山反应的作用** 由于蜂花粉有提高机体耐缺氧的能力，所以在临床上可用于治疗高山反应。1987年，科研人员作了蜂花粉预防高山反应的试验，观察点海拔高度为4 500～5 380米，被试者一组服用蜂花粉，一组服用淀粉片作为对照。被试者从海拔500米出发，经过5天到达终点。结果显示：高山反应发生率，花粉组无高山反应者为75.6％，中度者为2.4％，轻度者为22％；对照组无反应者仅为25％，中度为28.6％，轻度为46.4％。在1988年的一次试验中，对照组的210人中，38人有严重的高山反应，需要向低高度地区后送；4人患高山肺水肿；4人出现高山昏迷；有30人虽非典型高山肺水肿和高山昏迷，但均卧床不起，出现严重的高山反应，均需后送。而花粉组无一例出现严重的高山反应，中度者也仅为2％。由此可见，蜂花粉对预防高山反应有显著的疗效。

9. **蜂花粉对糖尿病的治疗作用** 蜂花粉对糖尿病有比较理想的辅助治疗效果。医学工作者对30例糖尿病Ⅱ型患者进行蜂花粉的治疗试验，平均年龄49.95岁，平均病程8.6年。采用自身对照的方法，每人每天服用蜂花粉30克，连续服用30天为一疗程，治疗结果显示：血糖从治疗前的215.6±52.11毫克/分升下降到治疗后的144.13±37.66毫克/分升。30例中，显效29例，占96.7％，无效例，占3.3％。

据报道，有些糖尿病患者，长期坚持食用蜂花粉，其临床症状和血糖水平，基本维持在正常范围内。

10. 蜂花粉对皮肤病的治疗作用　蜂花粉对一些皮肤疾患有一定的治疗效果。临床结果显示，用蜂花粉做成的化妆品外擦，并内服蜂花粉，对痤疮有很好的疗效，很多痤疮患者，试图用市面上一些很有名的化妆品治疗痤疮，未见有效，改用蜂花粉后，获得了意想不到的效果。

医学工作者用蜂花粉治疗 59 例用其他药物治疗效果不理想的复发性口腔溃疡患者，治疗 3 周后，治愈率达 95％，停用后，半年不复发者达 43％，这说明蜂花粉对口腔溃疡有显著的疗效。

九、蜂花粉在美容上的应用

爱美乃人之天性，追求亮丽的容颜，保持青春长驻，是很多人、尤其是女性的梦想。然而，随着岁月的流逝，昔日红润的肤色变得灰暗无光，健美而富有弹性的肌肤变得松弛粗糙，不理解人意的皱纹不知不觉地挂上了眉梢。有的人为了挽回昨日容颜，用上了各种各样的美容化妆品，可是，都是治标不治本的方法，一旦丹粉退去，仍还原来老面目。有时，一些劣质化妆品，还会使人面容尽毁。

蜂花粉作为一种既可外擦又可内服的天然产品，具有神奇的美容效果。花粉用于美容，古今中外早已有之，从北朝的《木兰诗》到历代的医学巨著，都有记载。

在日本，蜂花粉被认为有抗衰老、乌须发、除雀斑、消黑痕的作用，被誉为"美容之源"。

蜂花粉的美容作用，是与蜂花粉各种生理功能有关的。首先是蜂花粉对皮肤新陈代谢的调节作用，使皮肤保持正常的代谢功能，促进自由基和脂褐素等代谢废物的排出。其次是为表皮细胞提供各种营养，保持表皮细胞的活力和再生能力，而使表皮细腻有光泽。再者是蜂花粉可调节内分泌使其正常。内分泌紊乱往往会造成皮肤色素沉积、出现痤疮、使皮肤粗糙等症状，因此，调节内分泌的平衡，就可美容。还有就是维生素的作用，维生素具有减少皮脂溢出、保护皮肤弹性、防止皮肤衰老的作用。因此，蜂花粉具有明显的美容效果。

十、蜂花粉在体育运动上的应用

蜂花粉具有消除疲劳、增强体质的作用。国内外一些优秀运动员，就有食用蜂花粉的记录。

国家体委科研所对蜂花粉提高运动能力进行研究。在受试者服用蜂花粉后，对其身体的各项指标进行全面的检测，结果，服用蜂花粉前后各项指标的变化非常明显。表现在蜂花粉对提高心脏工作能力、肺活量增加、腰背肌的力量，尤其是耐力的增长十分明显。由于运动员服用蜂花粉后，食欲增加、睡眠得到了改善、心肺功能提高、体力和耐力增强、运动后疲劳容易消除，从而提高了运动成绩。

在美国，蜂花粉被认为是足球选手理想的体力增强剂。他们通过两个组进行了15周的试验，其中一组每天服用蜂花粉片，一组服用维生素片。试验结果显示：花粉组平均体重增加了2.3千克，但皮下脂肪厚度没有增加，对照组的体重没有变化。这说明蜂花粉可以防止大运动量后体重下降。

奥运会金牌得主、芬兰长跑运动员拉塞维伦，服用蜂花粉后运动成绩大幅度提高，在1972年第20届奥运会上获男子5 000米、10 000米长跑冠军，在21届奥运会上，他还蝉联这两项目的金牌。

蜂花粉制剂在洛杉矶第23届奥运会上，被我国运动员选用。近年，国家体委已批准蜂花粉制剂作为我国运动员规定的一种正式食品。

赛马场上的马匹，为了提高比赛成绩，饲养员在马匹饲料中添加蜂花粉，以促使马匹肌肉发达、耐力提高。

十一、蜂花粉在饲养业上的应用

蜂花粉除了对人具有保健和治疗的作用外，对家禽和家畜也有很大的作用。蜂花粉的营养全面，是一种不可多得的全价饲料。

在国外，1970 年就有人将蜂花粉作为饲料添加剂，应用于饲养业，近年来，我国也在这方面作了探讨，并取得了一定的成果。

1. 在猪饲料中的应用　蜂花粉能促进猪的食欲、提高猪的体重。在饲料中添加 1%～3% 的蜂花粉，可使肉猪增加体重 9%～15%。蜂花粉作为公猪的饲料添加剂，可以提高公猪的精液数量和活动率，可以提高人工配种的受胎率和提高产仔数。

2. 蜂花粉在鸡饲料中的应用　蜂花粉对提高鸡体重的效果相当明显。俄罗斯科学家在饲料中添加 10% 的蜂花粉，用于饲喂 47 日龄的雏鸡进行增重试验，结果添加蜂花粉饲料饲喂的雏鸡比吃普通饲料的雏鸡增重 45.8%，而且全部成活。我国的科研人员在鸡饲料中，添加蜂花粉用于饲喂肉仔鸡，结果也表明：添加 1.5% 的花粉组比对照组增重 9.2%，添加 2% 的花粉组比对照组增重 13.2%，效果相当明显。

3. 蜂花粉在奶牛饲料中的应用　美国的试验表明：小奶牛每天饲喂 40 克花粉，可提高体重 11.5%。同济大学用蜂花粉饲喂母犊牛和泌乳母牛做试验。试验的犊奶牛从出生 7 天后，第一个月每天添加饲喂花粉 20 克，第二个月每天添加花粉 30 克，第三、第四个月每天添加花粉 50 克，结果表明，试验组比对照组每头增重 6.89 千克，经济效益明显，且犊牛体质健壮，生长良好。每天用 100 克蜂花粉添加饲喂奶牛，每头奶牛产奶量比对照组增加 2.62～3.68 千克，扣除蜂花粉的成本，每头牛每天可增加收入 2.3～3.7 元，经济效益显著。

4. 蜂花粉在珍贵动物上的应用　蜂花粉用来作为貉的饲料添加剂，能提高貉的食欲和抵抗力，增强体质、促进生长发育，提高了毛皮的质量。

蜂花粉作为国家珍贵动物白鹇的饲料添加剂，可提高雏鸟的体重，提高母鸟的产蛋率和降低蛋的破损率，效果很明显。

5. 蜂花粉在对虾饲料中的应用　蜂花粉作为对虾的饲料添加剂，有提高对虾的抗病力、促进对虾的生长和增强对虾耐缺氧力的作用，可以提高对虾的产量和质量。

6. 蜂花粉在蜜蜂饲养上的应用　蜂花粉和蜂蜜混合后，就是蜂群的主要食物——蜂粮。当外界缺乏粉源植物开花时，蜂群就会停止繁殖，这时，给蜂群补充饲喂蜂花粉，可维持蜂群的正常繁殖。

十二、蜂花粉在地质勘探上的应用

蜂花粉在地质勘探上也有很大的作用。蜂花粉中的矿质元素，是植物从土壤中吸收而来的。因此，了解蜂花粉中的矿质元素，就可知道该植物生长的地方存在着何种矿物质，为找矿指明了方向，可节省大量的人力和物力。

十三、蜂花粉的加工方法简介

蜂花粉的加工包括原花粉的加工、蜂花粉的破壁和蜂花粉有效成分的提取。

1. 原花粉的加工　原花粉就是养蜂者从蜂箱中采集到的蜂花粉，因为是蜜蜂采集自野外，带有各种各样的杂菌。由于其含水量太高，蜂花粉的营养又很丰富，是各种微生物最好的培养基，因此，很容易受到细菌和霉菌的污染，而产生变质。此外，蜂花粉还含有一些砂粒、蜜蜂的残肢等杂质。蜂花粉在贮存过程中，一些昆虫喜欢在花粉中产卵，这些虫卵在适合的温、湿度下，孵化出幼虫蛀食蜂花粉。因此，刚从蜂箱中采集回来的蜂花粉要进行一些必要的加工，才能贮存和食用。

原花粉的加工主要是除杂、干燥、灭菌杀虫和包装。

蜂花粉的除杂一般用气流筛进行，它一方面用筛除去蜂花粉中的砂粒，一方面用气流除去蜜蜂的残肢等。

蜂花粉干燥的主要目的，是把新鲜花粉的含水量从 20％～30％降到 6％以下，以防止变质。干燥一般在蜂场用太阳晒的方法，在工厂多数采用带热风的红外线干燥机或蒸汽干燥机进行。不管用哪种方法干燥，都不能使温度超过 60℃以上，才不至于破坏蜂花粉的活性物质。近年来，用真空冷冻干燥的方法处理蜂花粉，其效果远远好于加热方法，除能保持其有效成分外，还能较好保持蜂花粉本来的色泽。

蜂花粉的灭菌一般采用的方法有乙醇灭菌、紫外线灭菌、微波和钴 60 灭菌等。

乙醇灭菌就是用 80％～85％的食用酒精喷洒，边喷边翻动，最后把蜂花粉密闭 4 个小时，取出后置于无菌室中，干燥、挥发去酒精，就可包装。

紫外线灭菌，是把蜂花粉摊成一薄层，让紫外线照射。由于紫外线的穿透力不强，因此，其灭菌效果往往不太理想。

微波灭菌就是用微波炉进行灭菌的方法，具有清洁、安全、迅速的特点。用微波炉进行蜂花粉的灭菌，要掌握好功率和处理时间，否则，蜂花粉会被炭化。

钴 60 灭菌，就是把蜂花粉包装好后，置于钴 60 放射源下，经钴 60 或铯 137γ 射线或电子加速器产生的低于 10 电子伏电子束照射，其平均总体吸收剂量为 8 000 戈进行辐射处理，具有方便、高效、彻底的特点。

不同的灭菌方法有不同的特点，可根据实际情况选用。

2. 蜂花粉的破壁　蜂花粉花粉壁的主要成分是纤维素和孢粉素，其性质非常稳定。有些蜂花粉制品要求把蜂花粉的花粉壁打开，以便提取其有效成分，这就叫破壁。

蜂花粉的破壁方法很多，常见的有温差破壁法、减压破壁法、胶体磨破壁法、气流粉碎法，膨化破壁法、冷冻破壁法和发酵酶解破壁等。由于篇幅所限，在这里就不一一介绍。

3. 蜂花粉有效成分的提取　有些蜂花粉制剂，要求对蜂花粉的有效成分进行提取。其方法一般有浸渍、渗漉和发酵提取等。

（1）浸渍提取　浸渍就是将蜂花粉用适当的溶剂在常温或温热下浸泡，使其中有效成分溶出的方法。浸渍所采用的溶剂不同，可以提取蜂花粉中不同的物质。对蜂花粉有效成分的浸渍提取，一般采用升温搅拌的方法，可以较充分地提取，但温度一般不要超过50～60℃，才不会破坏蜂花粉中的有效成分。

（2）渗漉提取　渗漉是将蜂花粉用溶剂润湿膨胀后，装入特制的渗漉筒中，然后不断增添溶剂，浸出其有效成分，自渗漉筒下口收集浸出液——渗漉液。

（3）发酵提取　发酵提取，是通过发酵来提取蜂花粉中的内容物，是一种既可提取有效成分，又可同时达到灭菌和脱敏目的的方法。

发酵法一般可分为酵素液发酵法和直接发酵法两种。

酵素液发酵法是利用培养基，接种米曲霉等进行培养，榨取其培养液（即酵素液），注入蜂花粉中混合发酵，经干燥后，用乙醇提取其有效成分。

直接发酵法，是利用蜂花粉本身具有的酶和一些微生物来进行发酵的方法。直接发酵法较为简单，效果与酵素液发酵法相似。

十四、蜂花粉制品

蜂花粉作为一种营养全面、具有医疗和保健的纯天然功能食品，日益受到人们的欢迎。蜂花粉现已广泛应用于医药、食品、饮料和化妆品等方面，各式各样的蜂花粉制品琳琅满目，种类有原蜂花粉、冲服剂、胶囊、片剂、口服液、化妆品等，现分别简介如下。

1. 原蜂花粉　原蜂花粉就是把养蜂者从蜂箱中收集的蜂花粉经除杂、干燥、灭菌、包装等工艺而成，保持了蜂花粉的天然本质，但除个别花粉品种（如茶花粉、荷花粉、五倍子花粉）外，多数蜂花粉的味道较差。

2. 蜂花粉冲服剂　蜂花粉冲服剂是把蜂花粉经粉碎处理做成粉末状；有的把蜂花粉中的有效成分提取出来，加入矫味剂等，做成颗粒状或结晶状。

3. 蜂花粉口服液　把蜂花粉的有效成分提取出来，加入其他配料等，做成口服液。有的还加入一些药物做成复合剂，以加强口服液的疗效。

4. 蜂花粉胶囊和片剂　蜂花粉胶囊是将蜂花粉或其提取物经浓缩干燥后用胶囊包装而成。片剂是把蜂花粉或提取物做成片剂。胶囊和片剂，比较方便食用和携带。

蜂花粉的制剂还有花粉膏等。

5. 蜂花粉食品　就是在食品中加入蜂花粉，如花粉糕、花粉饼、花粉饮料和花粉酒等。

6. 蜂花粉化妆品　就是把蜂花粉做成化妆品，或在化妆品中加入蜂花粉的提取物，如花粉护肤霜、花粉洗面奶等。

不同蜂花粉制品各有各的特色，消费者可根据个人实际情况选用。

十五、蜂花粉的服用方法

蜂花粉的服用量应视不同作用而定，一般作为保健用的每天服 5～10 克即可，分早晚两次服用。如果作为治疗用的，则要加大服用的量，每天要 15～20 克，分早、中、晚 3 次服用。对一些蜂花粉制品，可按说明服用。

蜂花粉的服用，对一些味道较好的，可直接放在口中咀嚼后吞服。对味道较差的蜂花粉，可用蜂蜜水送服，但不要用温度太高的水。服用蜂花粉，一般在早晚空腹时服用最佳，但对于一些肠胃不适者，可在饭后1小时服用。长期服用者30天为一疗程，一个疗程结束后，可暂停1周后，再继续第2个疗程。

十六、蜂花粉的贮存

在前面我们介绍过，蜂花粉的营养成分很丰富，很易受污染。因此，蜂花粉在贮存过程中，如果条件不当，就会产生变质。

实践证明，干燥、密闭和低温，是蜂花粉的最佳贮存方法。

养蜂者收到蜂花粉后，要马上对它进行干燥，把蜂花粉中的水分降低到6％以下，然后密闭包装，置于干燥、阴凉处保存，在常温下，可保存半年。有条件的地方，最好在冷库中保存。蜂花粉在−3℃下，可贮存一年而不变质。

十七、蜂花粉释疑

对蜂花粉，很多消费者会提出一些相同的问题，现就常见的几个问题答复如下。

1. 食用蜂花粉会不会使儿童早熟　有的人说，蜂花粉含有植物的雄性生殖细胞——精子和性激素，儿童食用会造成性早熟。这种说法，可能受民间以形补形的传说影响所致。

动物实验结果表明，这种担心是多余的。蜂花粉的唯一来源是植物，根本不含动物性的性激素。因此，在性激素这方面，对少年儿童来说，食用蜂花粉是安全的。基于同蜂王浆相同的理由，对生长发育正常的儿童，我们并不提倡滥用包括蜂花粉在内的一些滋补品，因为，很多滋补品对机体的作用往往是全面的，有促进生长发育的作用，滥用会造成性早熟的可能性就不奇怪了。而对于营养不良、发育缓慢、身体抵抗力低下的儿童，蜂花粉就应是很好的保健食品。

2. 食用蜂花粉会不会产生过敏　对这个问题，在蜂花粉安全性一节中我们已有所提及。在现实生活中，确实有一些人对花粉有过敏性反应，尤其是一些过敏性鼻炎患者，一到百花齐放季节，就是这些患者难受之时。据研究，引起这些患者过敏的花粉主要是风媒花的花粉。而蜂花粉，是虫媒花的花粉。研究也表明，那些容易产生过敏的人都为一些过敏性体质的人。

在日常生活中，很多食品（如虾、蟹甚至牛奶和蔬菜）都有可能引起过敏性体质的人产生过敏性反应，蜂花粉与其他食品一样，过敏性体质的人服用后，有可能会产生过敏性反应，也就不足为奇了。此外，蜂花粉由于是在野外生产，难免有时也会有风媒花的花粉落在里面。因此，过敏性体质的人，对蜂花粉还是要慎用。确实需要食用时，应从少量开始，让机体适应后，再慢慢加大。对食用蜂花粉出现过敏现象，应立即停止食用，并给予抗过敏治疗即可。

3. 食用蜂花粉会不会引起发胖　有的人食用蜂花粉后，反映身体有发胖的现象。引起人体发胖，都是一些高脂肪的食物，而蜂花粉是一种高蛋白低脂肪的食物，而且蜂花粉所含的脂类物质是以不饱和脂肪酸为主的，不饱和脂肪酸能促进机体的代谢，而不引起人体发胖。动物实验结果表明，以蜂花粉作为饲料添加剂，可使猪的体重比对照组增加，但解剖证明，其脂肪的量却比对照组减少，所增加的是瘦肉。由此可见，蜂花粉不会引起人体发胖。

研究还表明，蜂花粉中维生素等物质，能促进人体内脂肪的代谢，使脂肪转化为能量释放。因此，食用蜂花粉不但不会引起发胖，还有减肥的作用。有些人就是把蜂花粉作为减肥食品，并取得了良好的效果。

但在现实生活中，也确有一些人食用蜂花粉后，出现发胖现象。引起这个现象的原因，跟食用蜂王浆的原因一样。主要是营养增加、肠胃消化和吸收功能提高，而食用蜂花粉产生发胖的人多数为上了年纪的人，相对运动量减少，而引起发胖。因此，为防止食用蜂花粉后发胖，一方面可适当控制食物的量，一方面可加大运动量。

4. 蜂花粉是不是一定要破壁才能食用　在前面，蜂花粉形态和理化性质一节中，介绍了花粉的壁是由纤维素和孢粉素所组成，性质很稳定，有抗酸、碱等的作用。那么，在食用蜂花粉时，如果蜂花粉不经破壁，人体能不能消化和吸收蜂花粉的营养成分呢？这个问题，消费者有提出，学术界曾经也有争论，个别企业也曾大肆宣扬花粉要破壁才能被吸收的论调。

经过科研人员多方面、无数次的实验研究证明：蜂花粉破不破壁对人体消化、吸收其营养成分，并无明显的差异。因此，蜂花粉无需强调破壁。

蜂花粉虽然花粉壁很稳定，但并不是没有薄弱的地方，花粉壁上的萌发孔和萌发沟，在一定湿度下、在酸或酶的作用下，蜂花粉的内含物就会从萌发孔或萌发沟处自动喷射释放出来；在一定 pH 下，有的酶能使花粉壁破裂。这一点，在显微镜下已一览无遗。人体的消化道呈酸性，且存在各种各样的酶，因此，人体是能够吸收未经破壁蜂花粉中的营养成分的。科学家们还做了一个实验，给灵长类动物饲喂蜂花粉，然后取其粪便进行化验，结果发现，花粉粒只剩一个空壳，其内含物已被释放。这足以说明，蜂花粉不用破壁，人体可以消化、吸收。至此，这个备受争论的问题就有了科学的答案。

蜂花粉的外壁，其主要成分是纤维素，虽然人体不能消化、吸收，但也是一种有用之物。纤维素可以刺激肠的蠕动，促进排便，对清除大肠中的代谢废物、预防癌症的发生和治疗便秘，都有它的一份功劳。因此，花粉壁也是一种不可多得的、有益于人体健康的物质。

蜂花粉的外壁对其内含的营养物质起着保护作用，减少受到微生物的污染，因此，花粉壁的存在，有利于对蜂花粉的保护和保存。

那么，是不是蜂花粉在任何情况下都不用破壁呢？对这个问题要视具体情况而定。由于人的表皮缺乏酸和酶，无法透过花粉壁消化和吸收花粉中的营养物质，所以把它应用于化妆品上时，就要破壁，提取其营养物供使用。把蜂花粉做成口服液制剂时，如果蜂花粉不破壁，口服液就会出现悬浮分层的现象，因此，也要进行破壁提取其内含物供使用。

十八、蜂花粉应用实例及配方

蜂花粉在保健食品上有广泛的应用，现将一些蜂花粉食品的配方介绍如下。

1. 花粉蜜膏　配方：蜂花粉 120 克、蜂蜜 450 克、蜂王浆 30 克、乳酸 1 克，香精适量。

2. 花粉可乐　配方：蜂花粉 5％、蜂蜜 2.5％、白糖 2.5％、柠檬酸 0.02％、水 90％、可乐香精适量。

3. 花粉酸枣蜜酒　配方：蜂花粉、酸枣粉、枣花蜜、酒精和柠檬酸等。

4. 蜂花粉香酥　配方：蜂花粉 300 克、蜂蜜 500 克、蛋粉 300 克、瓜子仁 100 克、芝麻粉 500 克、桂花糖 1 500 克、标准面粉 3 500 克。

重点难点提示

1. 蜂花粉是蜜蜂采集自植物雄花的雄性孢子，具有高蛋白、低脂肪的特点，有"全营养素"、"维生素浓缩库"和"口服美容品"的称号，对人体具有营养、防病的功效，对男士前列腺疾患、女士祛斑、美容有很显著的效果。蜂花粉要消毒加工才能食用，应干燥保存。

2. 蜂花粉对人体生理是如何起作用的。

第五讲
蜂　　胶

——蜂群的保护神，人类健康的福音

本讲目的

　　了解蜂胶的来源、化学成分、生理效应、食用方法和注意方法。

□□□□

　　很多人对蜂蜜、蜂王浆和蜂花粉等蜂产品可能很熟悉，对蜂胶就有点陌生了。蜂胶也是蜜蜂的一种重要产品。

一、蜂胶的来源

　　蜂胶是蜜蜂从外界某些树木的嫩芽或树皮伤口上采集的树脂、并混入蜜蜂上颚腺分泌物和蜂蜡等形成的胶状物。

　　包括中蜂在内的东方蜜蜂无采集蜂胶的习惯，因此，蜂胶只是西方蜜蜂的产品之一。

　　能分泌树脂，并能被蜜蜂采集加工成蜂胶的植物叫胶源植物。我国常见的胶源植物有柏树、桦树、杨树、柳树、松树、漆树，还有橡胶和桉树等。采集蜂胶的蜜蜂，通常是蜂群中的中老年工蜂。工蜂在采集时，先用上颚把树上的树脂咬下，用其前足把这一小点树脂把持住，然后通过中足传递到后足的花粉筐中装起来，当装满了花粉筐时，飞回巢里，在其他工蜂的帮助下，把采回来的树脂一点一点衔下来，并掺入上颚腺的分泌物和蜡腺分泌的蜂蜡等，再经反复咀嚼加工成为胶状物，然后贮存于蜂箱缝隙处备用，这就是蜂胶。

为了给蜜蜂保温和防止雨水漏进蜂箱里，养蜂者常在蜂巢上覆盖一层纱布，蜜蜂就会把蜂胶涂在纱布上或蜂箱的副盖上，或把蜂胶涂补于蜂箱的缝隙里，养蜂者把覆布、副盖和蜂箱其他地方的蜂胶采刮下来，就可收获到蜂胶。

近年来，为了增加蜂胶的产量，有的养蜂者用上了专门收集蜂胶的集胶器，其蜂胶产量和质量都有了很大的提高。

一只蜜蜂一次仅能采回 10～20 毫克树胶，一群蜜蜂虽有 5 万～6 万只，但去采蜂胶的蜜蜂是没有几只的。因此，一群蜜蜂一天只能生产蜂胶 0.2～1.2 克，一年也只能生产 100～500 克蜂胶。养蜂者再把蜂胶一点一点地刮下来，可谓点点蜂胶来之不易。我国虽然是世界养蜂大国，但年产粗蜂胶也只不过700～800多吨，可提纯蜂胶300～400吨。因此，蜂胶是一种极为珍贵的蜂产品。

二、蜂胶在蜂群里的作用

蜂胶（Propolis）一词，是由两个希腊字母组成的，pro（前），polis（城市），意思可以理解为：在城市的前方，保卫整个城市。古人发现，蜜蜂用蜂胶来涂补蜂巢四周，使蜂巢得到保护，因此，就把蜂胶叫做 Propolis。

蜂胶是蜜蜂的保护神。有时，一些不知好歹的小动物，如小老鼠、壁虎、小蜥蜴等，贸然地闯进蜂箱里，想"尝甜头"偷蜂或偷蜜食，迎接它的当然是蜜蜂的群起攻击，最后入侵者被螫死。这些动物对人来说虽然很小，但对蜜蜂来说，却是庞然大物，小蜜蜂是无法把它拖出蜂巢外的。这样，这些死去的动物就会腐败发臭，污染蜂巢。

怎么办呢？小小蜜蜂自有解决的方法，当蜜蜂发觉无法把死去的动物拖出蜂箱外时，就会用蜂胶涂布在死动物身上，把它包裹起来，这样，死动物就不会腐败，保持蜂巢不受污染。这个现象对养蜂者来说，已是屡见不鲜。这个现象也说明，蜂胶有很好的防腐性能。这也解释了为什么蜜蜂生活的蜂箱、树洞和土穴中，往往阴暗而潮湿，蜂群中又有蜂蜜、王浆和花粉等很多营养丰富的物质而不变质的原因。

此外，蜂胶还能增加蜜蜂巢脾的韧性，使巢脾不易折断；蜜蜂把蜂胶涂抹在蜂巢的四周，补塞蜂巢的缝隙，可以防止雨水渗进蜂巢，防止小虫蚁等的入侵。

寒冬腊月，北风凛冽，蜜蜂就用蜂胶把巢门缩小，以减少蜂巢温度散失和冷空气入侵。因此，可以说，蜂胶是蜜蜂的防腐剂和建筑材料，是蜜蜂当之无愧的保护神。

三、蜂胶的历史

虽然人类对蜂胶研究的时间不是很长，但蜂胶在自然界的出现已有若干万年的历史了。

有的古生物学家研究认为，大约在几千万年以前，蜜蜂已在地球上出现，在漫长的自然进化中，地球的生物圈几经变化，很多物种被淘汰，在地球上消失了。物竞天择、适者生存，由于蜜蜂在进化过程中，在跟大自然的搏斗中，成功地利用蜂胶等作为保护自己的天然物质，适应了严酷的生存环境，从而，进化成为生命力极强的社会性昆虫。

以上这个观点，对西方蜜蜂来说，是比较恰当的，而对东方蜜蜂来说，则是一个谜。东方蜜蜂，是我国土生土长的蜂种，1983年我国在山东省莱阳市北泊子和临朐县山旺发现了蜜蜂化石，经考古学家的考证，该化石都已经有了2000多万年的历史，这说明在2000多万年以前，地球上已有东方蜜蜂存在，而东方蜜蜂不具有采集和加工蜂胶的能力，照样能生存下来。因此，蜂胶对蜜蜂在进化过程中的作用和对蜂群的生物学的作用，至今尚未完全明了，谜底还有待科研工作者去揭晓。

由于蜂胶是我国原不存在的西方蜜蜂的产物，理所当然，外国对蜂胶的认识比我国早。

早在3000多年以前，古埃及人已认识蜂胶，并用蜂胶去做木乃伊的防腐材料。

2000多年前，古希腊科学家亚里士多德（公元前384—前322年）观察蜂群时也发现蜂胶，他在传世名著《动物志》第9卷第14讲中，就记载了蜂胶的来源，并指出：这种具有刺激性气味的"黑蜡"可用于治疗皮肤疾病、刀伤和化脓症。

古罗马百科全书《自然史》的作者普林尼（公元23—79年）指出：蜂胶是蜜蜂采集来的柳、杨、栗树和其他植物新芽分泌的树脂。他在该书第23卷第50讲中记述，蜂胶可止神经痛、肌肉硬结肿块和拔除刺进行肌体内的异物。

诞生于1000多年前的阿拉伯医学家阿维森纳，在他的名著《医典》中，将蜂蜡区分为纯蜡和黑蜡，黑蜡就是蜂胶，他记述了蜂胶的特征和作用：当拔除身上的残刺断箭，消毒伤口、消肿和止痛，神效。

在15世纪，秘鲁人用蜂胶治疗热带传染病。1909年，亚历山大罗夫发表了"蜂胶是药"的论文，并叙述了他用蜂胶治疗鸡眼的疗效。

对蜜蜂如何采集蜂胶的记述是在1956年《蜜蜂世界》，在其第二期有一篇题为"蜂胶采集蜂及其活动"的论文，在该文中，作者详细地、生动地描述了蜜蜂采集蜂胶的过程。

由上可见，人类在古代已认识蜂胶。随着科学的发展，人类对蜂胶研究的深入，发现蜂胶的作用越来越广泛。

在国外，蜂胶及其制品，已成为一种常见的保健食品。

西方蜜蜂是在20世纪初才引进我国，因此，我国对蜂胶的认识、研究和开发起步较晚。直到20世纪50年代，我国才有少数科研工作者对蜂胶进行初步研究，90年代才有了较大的突破。有关科研工作者对蜂胶的成分、性质、药理和临床应用等，作了大量的研究工作，使我国蜂胶产品的开发，在这几年才得到迅猛发展。因此，直到现在，我国还有很多的人不知道蜂胶为何物。

四、蜂胶的理化性质

1. 蜂胶的物理性质　　蜂胶为不透明的固体，表面光滑或粗糙，折断面呈沙粒状，切面与大理石相似。蜂胶呈黄褐色、棕褐色，有的带有青绿色。少数近似于黑色。蜂胶的颜色可随采集的植物不同和保存时间的长短，而有所不同。

蜂胶具有独特的芳香气味，蜂胶的香味令人感到愉快、镇定和安神。蜂胶的味道微苦，有辛辣、麻木的感觉。蜂胶的气味和味道，可随胶源植物的不同，有所差异，随着贮存的时间加长，有所下降。

蜂胶在温度低时变硬、变脆，温度升高时变得软而柔、有黏性，黏在手上或容器上用水不易洗掉。

蜂胶的相对密度为 1.12～1.136，通常为 1.127。

蜂胶在水中的溶解度很小，微溶于松节油，部分溶于乙醇、极易溶于乙醚和氯仿，以及丙酮、苯和 2% 氢氧化钠溶液。

2. 蜂胶的化学成分　　蜂胶是一种成分极为复杂的化合物，在所有的蜂产品中，几乎可以说，蜂胶的成分是最复杂的。不同产地、不同胶源植物的蜂胶成分差异很大。

蜂胶的成分虽然很复杂，归纳起来，其主要成分有黄酮类化合物、萜烯类、有机酸类、醇类、芳香性醛类、脂肪酸及多种氨基酸、糖类、酶类、维生素类和矿质元素等。现将各大类化合物简单介绍如下。

(1) 黄酮类化合物　　黄酮类化合物，是自然界存在的一类具有多方面生理和药理作用的物质。蜂胶中含的黄酮类化合物其品种和数量都非常丰富，有关科研人员从各种不同的蜂胶中，分离和鉴定的黄酮类化合物就有槲皮素等 46 种，其中，5，7-二羟基-3，4-二甲基黄酮和 5-羟基 4，7-二甲氧基双氢黄酮，首次从蜂胶中发现，成为蜂胶中独特的有效成分。不同产地、不同的胶源植物种类，其所含的黄酮类化合物品种和数量不同。

罗国安等（1985 年）测定了中国产的蜂胶样品，其黄酮平均含量为 10.31%±0.29%。

医学工作者发现，许多治疗冠心病的中草药和有活血化瘀作用的中药，都含有黄酮类成分。因此，黄酮类化合物是一种具有重要药理作用的化合物。

（2）挥发性油和萜类　蜂胶经蒸馏，得到一些与水不能混合的油状挥发性物，叫挥发性油。挥发性油具芳香气味，化学成分极为复杂，蜂胶的来源不同，其化学成分有所不同。但其基本组成为脂肪族、芳香族和萜类等三种物质，以及它们的含氧衍生物，如醇、醛、酮、酸、酚、醚、酯和内脂等。

挥发性油是一种活性物质，蜂胶中所含的挥发性油，具有止咳、解表、祛风、止痛、杀菌、抑菌和防腐的作用。

蜂胶中含的萜类化合物有单萜类、倍半萜类，此外，还含有抗菌和抑癌活性的双萜类等物质。

（3）有机酸类　蜂胶中现已分离出的有机酸有苯甲酸、对羟基甲酸、水杨酸、咖啡酸苯乙酯、阿魏酸等 13 种。

苯甲酸及其衍生物，是一组活性芳香族有机酸，具有很强的防腐力。阿魏酸是中药当归的主要成分，有解血小板凝聚的作用，可用于治疗头痛等症。咖啡酸酯类物质具有抑制癌细胞的作用。

蜂胶中含有微量的氨基酸，数量达 17 种，在有些蜂胶样品的游离氨基酸中，精氨酸和脯氨酸约占总量的 50% 以上。

蜂胶中鉴定出糖类物质有 D-古洛糖、D-呋喃核糖、D-山梨糖醇、塔罗糖、果糖、葡萄糖和蔗糖 7 种。

蜂胶中的酶类主要为淀粉酶。

蜂胶中的维生素类有维生素 P、肌醇、维生素 B_6、维生素 B_2、维生素 E、烟酰胺、泛酸、和微量的维生素 H、叶酸等。

蜂胶中的矿质元素有 12 种常量元素，包括：碳、氢、氧、氮、钙、钾、钠、镁、硫、硅等；此外，还含有铁、铜、锰、锌等 13 种非常量元素。

要特别指出的是，蜂胶中具有代表性的活性物质是黄酮类化合物中的槲皮素、萜类中的蜂胶双萜和有机酸中的咖啡酸苯乙酯。

槲皮素是很多中草药的有效成分，具有广泛的生理和药理作用，如扩张冠状血管、降血压血脂、抗血小板凝聚、抗炎、抗病毒、抗氧化自由基、抗肿瘤等。

五、蜂胶的简单感官鉴定

蜂胶的感官鉴定主要从外观、颜色、香味、气味、黏性和纯度等进行鉴定。可根据上述蜂胶的物理性质的内容，用眼看鉴定蜂胶的外观和颜色；用鼻嗅去鉴定蜂胶的香味；用口尝去鉴定蜂胶的味道；用手搓、捏的方法去鉴定蜂胶的黏性；用 95％的酒精溶解的方法去鉴定蜂胶的纯度。

经感官鉴定，天然蜂胶的形状、颜色应正常，香味和味道要浓郁，黏度要大，无杂质，有光泽和油腻感大者为好。

六、蜂胶的神奇效应

在国外，蜂胶已有很多神奇的疗效记载，在我国，由于蜂胶的应用较晚，这方面的事例相对而言就较少。

20 世纪初，在荷兰裔非洲人与英国人的布尔战争期间，"蜂胶凡士林"成为医治创伤的药物。前苏联在卫国战争期间，也大量使用蜂胶软膏治疗受伤者。

日本著名医学博士木下繁太郎报道，他自己就是一个膀胱息肉的患者，虽经手术摘除、BCG 膀胱注入等疗法，使息肉得到控制，但时隔不久，又再度复发，十分痛苦。

后来，他改用蜂胶治疗，3 个月后，他到医院检查，医生用不可思议的语气对他说："息肉不见了"，经再三细心检查，息肉确实消失了！

在我国北京，一位姓杨的先生，在一年一次的例行保健体检中，被检出体内大肠长有息肉，心里极为紧张。第二天开始，他的儿子买回蜂胶给他服用，1日3次，不敢间断。两个月后到医院复检，医生感到很奇怪，"息肉怎么不见了？"，医生认为可能是大肠的皱褶遮住了息肉，于是给大肠进行灌气，然后再检查，但是，再也没有找到息肉。

日本的伊藤先生报道，在他的医院里，有一个身患重症白血病的小男孩，入院时他的皮肤呈土色，不能自由活动，离开他母亲的陪护，他什么也不能做。在此之前，为了治好白血病，他们几乎跑遍了各地有名的医院，能用的药都用了，但病情却毫无起色，后来，他的母亲听说了蜂胶的好处，就带着他来到了伊藤先生的医院接受治疗。

刚开始，伊藤先生用比较小剂量的蜂胶制剂给他治疗，3个月后，他的血色明显好转，食欲也恢复了。

此后，用较大的剂量再治疗3个月，他的脸色由土色变为红润，手脚也能自由活动了。这个结果令原来为他治疗的医生啧啧称奇。

1997年8月，北京一位70多岁的老太太，因患白血病，住进了某中医院，医生会诊后对老太太的儿子说："老人家年纪已这么大，身体又十分虚弱，这种病既难治，费用又很高，不如对老人家进行一些常规的治疗，多给她一些关怀，让老人家度过晚年"。

作为儿子，不能眼睁睁地看着生他养他的母亲就这样死去。为了尽儿子的一点孝心，他的儿子四处奔跑，为他的母亲寻找偏方。后来，在有关文献的指引下，儿子为母亲买来了蜂蜜、蜂花粉、蜂王浆、蜂胶、灵芝孢子粉、还有黑蚂蚁等，他把各种东西像配鸡尾酒一样，按一定比例混合，每日给他的母亲吃，希望能像文献报道一样，对母亲的病有所帮助。

时间一天天地过去了，母亲的病一天天地在好转。到了年底，老太太到医院进行全面检查时，奇迹出现了，这个几乎被医生"判处死刑"的人，血象全部正常，白血病被治好了，结果完全超出医生意料之外。

虽然，老太太治好白血病的"鸡尾酒"是由多种东西配成的，但其中就有蜂胶的一份功劳。

某企业 54 岁的总经理张先生，1995 年 6 月被确诊为肝癌晚期，医生判断最多只能存活 2 个月。虽然当时医生和家属没把病情的真实告诉他，但从亲朋、同事的言行中、医生的治疗措施中，使他知道自己得了不治之症——晚期癌症。

为了死里求生，他只好默默地忍受着化疗给他带来的各种痛苦。但病情还是一天一天地恶化，家属甚至进入了后事准备的程序。

有一天，一位朋友给他送来了一瓶蜂胶，并劝他试着服用。刚开始 1、2 滴，以后增加到每日 4 次，每次 20 滴，几天后，食欲明显增加，精神好转，疼痛逐步减轻。

1 个月后，病情大为好转，不再有病情恶化的感觉。就这样，在医院里渡过了 3 个月。

原本被西药放弃的他，已熬过了两个多年头，现在还健康地活着，而且各项检查都没有问题。在蜂胶的保佑下，他的人生定能重放光彩。

67 岁的退休干部靳先生，是一个多病缠身的糖尿病患者，长期备受疾病折磨的痛苦，1996 年又并发脑血栓，卧床不起，他心里想，很快就要被马克思召见了。后来，他开始服用蜂胶制品，仅服用半个月，自觉气血通畅，精神好转。1 个月后，扔掉了拐杖，行走自如。

笔者朋友李某，警察，因工作繁忙，饮食无序，患胃炎多年，多种药物久治不愈，经用蜂胶治疗 2 个月后，3 年未见复发，体重增加，精力充沛。笔者在实际应用中，用蜂胶治愈多名胃病患者，且多数不复发。

七、蜂胶的生理作用

蜂胶以其独特的活性物质，对机体有着广泛的生理作用。

1. 蜂胶抗病原微生物的作用　蜂胶抗病原微生物的能力很强，对细菌、病毒、真菌和原虫等，同时具有抑制和杀灭的作用。

蜂胶对细菌具有广谱的抗菌性。用浓度为 100 微克/毫升的蜂胶乙醇浸出物，对 39 种细菌中的 25 种有强烈的抑制作用，其中对革兰氏阳性细菌和抗酸菌最为敏感。对白喉杆菌、破伤风杆菌和水肿杆菌的外毒素有中和作用。蜂胶提取液与抗菌素合用，能大大地提高抗菌素的活性和延长其作用。

同样，用浓度为 100 微克/毫升的蜂胶乙醇浸出物，对 39 种植物真菌中的 20 种有抑制作用。对人类常见的癣菌、絮状癣菌、红色癣菌、念珠菌、铁锈色小孢子菌、石膏样小孢子菌、羊毛状小孢子菌、大脑状癣菌、断发癣菌、紫色癣菌等都具有抑制的作用。

蜂胶乙醇浸提液对 A 型流感病毒有杀灭作用，对疱疹病毒有抑制作用，对牛痘病毒有减轻感染的作用。此外，对黄瓜花叶病毒、烟草斑点病毒、烟草坏死病毒等也都有杀灭的作用。

蜂胶提取液对阴道毛滴虫、禽毛滴虫有杀灭的作用，对兰伯贾氏虫有抑制的作用。

蜂胶对病原微生物的杀灭和抑制作用，已经被越来越多的科学实验所证实，因此，蜂胶有"神奇的天然广谱抗生素"的美誉，是当之无愧的。

2. 蜂胶对提高免疫力的作用　蜂胶是一种天然的高效免疫增强剂，能刺激机体的免疫机能，增强巨噬细胞的活力。

通过用蜂胶或配合抗原注入大、小白鼠、家兔、猪和牛犊体内的试验证明，蜂胶能促进机体的免疫过程，使机体内白细胞和巨噬细胞的吞噬能力大大增强；对脾脏、胸腺产生各种有益的影响；蜂胶能使血液中的总蛋白和丙种球蛋白的含量和活性增加，提高机体的特异性和非特异性免疫功能。因此，蜂胶有提高机体免疫力的作用。

3. 蜂胶对机体抗氧化、抗衰老的作用　人之所以会逐渐衰老，其原因之一是与机体内在进行的一系列氧代谢的同时，不断地产生自由基，过剩的自由基可作用于血液等脂类物质，使其变成脂质过氧化物，这些过氧化物沉积在细胞膜上，使细胞膜丧失功能，造成细胞活力下降，机体衰老。此外，这些过氧化物还会沉积在血管壁上，造成血管壁硬化，容易产生血管破裂。过剩的自由基还会作用于细胞内的遗传物质 DNA，使细胞癌变或死亡等。

机体的抗氧化作用，可保持自由基产生与消除的平衡，对防病和抗衰老等都有重要的作用。

蜂胶中的黄酮类、萜烯类等物质，具有很强的抗氧化性能，同时还能显著地提高机体内有清除自由基作用的超氧化物歧化酶（SOD）的活性。研究结果证明，蜂胶在 $0.01\%\sim0.05\%$ 的浓度下，就有很强的抗氧化能力。因此，蜂胶是一种不可多得的天然抗氧化剂，是人类保持健康、延缓衰老的重要物质。

4. 蜂胶对治疗高血脂的作用　　高血脂是引发脑血管疾病的一个危险因素，蜂胶有显著降血脂的作用。中国农科院蜜蜂研究所和中国中医研究院联合对蜂胶降血脂进行了研究，结果表明，蜂胶各剂量组与模型组相比，均有明显降低血清甘油三酯、血液黏度、血浆黏度、红细胞压积、纤维蛋白原及血小板黏附聚积率等血液流变学的作用，大多数指标上可观察到良好的量——效关系。

5. 蜂胶的抗癌作用　　蜂胶中含有多种抗肿瘤的物质，如黄酮类化合物、萜烯类化合物，尤其是黄酮类化合物中的槲皮素、萜烯类化合物中的二萜类、三萜类化合物，都有很强的抗肿瘤作用。

实验证明：蜂胶能分解癌细胞周围的纤维蛋白，防止细胞癌变和癌细胞转移。日本国立预防医学研究所的松野哲也夫先生在肝癌和子宫癌的临床研究中发现，食用蜂胶 3 个月到 1 年后，所有患者癌细胞都基本失去活性。

蜂胶还可减轻癌症患者经放疗和化疗后所出现的各种副作用。因此可以作为一条新的癌症治疗途径，给癌症患者带来了福音，带来了希望。

6. 蜂胶的局部麻醉作用　蜂胶制剂局部用于口腔科、五官科疾病和人体创伤能迅速止痛、提示蜂胶有局部麻醉作用。

实验证明，用4%蜂胶乙醇溶液加水稀释到0.25%的浓度，对家兔的麻醉效应可持续1小时，比普鲁卡因的作用强。实验还证明蜂胶与普鲁卡因有协同的作用。

蜂胶中的松属素、桦球素和咖啡酸酯等的混合物，对机体有较强的麻醉作用。

7. 蜂胶的促组织再生作用　蜂胶成功地用于创伤的治疗，已经有了很长的历史，蜂胶能促进组织再生的作用也已被系列实验所证实。

动物实验证实：用蜂胶治疗实验性深度烧伤，比常规药剂治疗愈合时间短，疗效好。蜂胶能加速被伤的软骨和骨的再生过程。对牙髓损伤有刺激再生的作用，促进循环障碍的排除，刺激牙髓内胶原纤维桥的形成。

8. 蜂胶的安全性　蜂胶作为一种生理和药理作用都很强的蜂产品，要在临床上应用，就要考虑其安全性的问题。对药物来说，一般要检验其急性毒性、亚急性毒性、致畸作用和变态反应等。

1991年，中华人民共和国卫生部食品卫生监督检验所按照《食品安全性毒理学评价程序》，对蜂胶内服进行了安全性检验：急性毒性（小鼠LD_{50}＞1 500毫克/千克）、亚急性毒性试验、致突变试验、精子畸形试验、哺乳动物细胞（V70/HCPRT）基因突变试验，结果均为阴性。大鼠90天喂养（1 500毫克/千克）及繁殖，传统致畸（5 000毫克/千克）试验均未见毒性反应。结果表明，北京蜂胶属于实际无毒物质，食用规定剂量是安全的。

中国预防医学科学院环境卫生监测所，对蜂胶外用进行安全性检验：家兔皮肤多次刺激试验，未见刺激性反应；皮肤变态反应试验，未见变态反应。哺乳动物细胞染色体畸变试验，未见多倍体增加。在化妆品卫生化学检验中，符合国家标准。结果表明，蜂胶属于实际无毒物质，外用是安全的。

南通医学院药理教研室和连云港蜂疗研究室合作，给小鼠灌服 15％蜂胶淀粉混悬液，测得蜂胶急性半数致死量（LD_{50}）为 6.3 ± 0.167 克/千克；家兔亚急性毒性实验，每日喂蜂胶粉 2.7 ± 0.167 克/千克，连续给予药 30 天后，对其血清谷-丙转氨酶、血尿素氮及肝、肾、心和肺等组织均无明显影响，喂药过程中家兔也未见明显异常现象。

陈尚发（1997）报道，蜂胶水溶液（总黄酮＞90 毫升/升）小鼠经口急性毒性实验 $LD_{50} > 20$ 毫升/千克，按毒性分级属无毒级。同时进行三项致突变试验（小鼠骨髓嗜多染红细胞微核试验、小鼠精子致畸试验、Ames 试验），结果均为阴性。

从上述试验结果可看出，蜂胶对机体无急性毒性、无亚急性毒性和无致畸作用。

但在实际临床应用中，有少数人出现蜂胶变态反应。患者过敏症状各不相同，从皮肤轻度充血到明显的湿疹样皮疹，口腔黏膜充血水肿，头痛、恶心、低烧，甚至心律过速等。停用蜂胶后，症状一般消失，严重者需住院治疗。因此，尽管蜂胶是很安全的，但对于一些过敏性体质的人，还是要注意慎用。

八、蜂胶的临床应用及效果

1. 在外科上的应用　由于蜂胶具有抗菌、消炎，局部止痛，促进组织再生等功效，因此，外科上常用于治疗下肢溃疡、肛裂、灼伤、关节疾病和损伤等。

2. 在皮肤病上的应用　蜂胶制剂可用于治疗各种皮肤病，如治疗鸡眼、带状疱疹、扁平疣、寻常疣毛囊炎、汗腺炎、晒斑、射线皮炎、皲裂、湿疹、搔痒、神经性皮炎、银屑病、寻常痤疮、斑秃等皮肤病。在临床上，有医院用蜂胶制剂治疗化脓性皮肤病，治愈率为 75％；用蜂胶制剂治疗 1 000 例各种皮炎患者，其中浸润性秃发病疗效达 100％，斑秃疗效为 82％；用蜂胶治疗鸡眼，治愈率为 90％。

3. 在耳、鼻、咽喉科上的应用　蜂胶有促进黏膜上皮再生的过程，有广谱抗菌的能力，有消炎和局部麻醉的作用，能使慢性炎症过程中的黏膜浸润减轻，促进已坏死的组织脱落，因此，蜂胶及其制剂，近年来广泛应用于治疗各种鼻炎、鼻窦炎、咽炎、扁桃腺炎、上呼吸道炎、外耳炎、中耳炎和听力障碍等获得了良好的疗效。

陈恕仁等（1996）用蜂胶制剂治疗外耳道炎72例，有效率为100％；治疗急慢性咽喉炎135例，有效率为98.5％，疗效显著。

4. 在口腔科上的应用　早在 20 世纪 50 年代，国外就应用蜂胶治疗各种口腔疾患。基辅的口腔医院的研究证明，2％～4％的蜂胶酊可治疗牙痛。做手术后止血、止痛药。奥德萨口腔医院用蜂胶软膏和 4％的蜂胶酊，治疗复发性口疮、口腔溃疡等症均获得了良好的疗效。

陈恕仁等用蜂胶制剂治疗复发性口疮 125 例，有效率为96.8％；治疗牙本质过敏，有效率为 96.8％，取得了明显的疗效。

蜂胶对治疗牙周炎、消除口臭等也有很好的疗效。

5. 在内科上的应用　蜂胶在内科被广泛应用于多种疾病的治疗，并取得了非常理想的疗效。

（1）对消化道疾病的治疗　由于蜂胶具有抗菌、消炎、止痛和促进组织再生的作用；蜂胶酊又能在表皮上形成一种酸不能渗透的薄膜等医疗特性，因此，用于治疗胃和十二指肠溃疡，具有止痛快、治愈率高、复发率低的特点，取得明显的疗效。

临床实践证明，用蜂胶酊治疗胃和十二指肠溃疡，其中90％以上的患者3～5天就有明显好转，胃酸趋于正常，胃分泌机能也恢复正常。

临床还证明，蜂胶对治疗慢性肠炎，同样有令人满意的疗效。

（2）对呼吸系统疾病的治疗　用蜂胶制剂治疗上呼吸道和肺

部疾病，可取得良好的疗效。

陈恕仁等，用10％蜂胶酊5毫升，加蒸馏水25毫升，用蒸汽雾化吸入法治疗上呼吸道感染，取得了有效率为98％以上的疗效。

顾进财等（1996）用蜂胶药枕防治支气管哮喘患者87例，取得了治愈41例、显效38例、有效6例、无效2例的疗效。

（3）对心血管疾病的治疗　高血脂是引发心血管疾病的元凶之一，蜂胶具有明显降低血脂的作用。

房柱（1978）报道，用蜂胶片治疗高血脂45例，其中，高胆固醇23例，高甘油三酯44例，均有明显降脂效果。

苏州医学院朱道程报道，蜂胶治疗高血脂症，不论是大、中剂量组，还是小剂量组均有疗效。大、中、小剂量治疗3个月后降胆固醇总有效率在$61.02％～89.81％$；降甘油三酯总有效率在$79.03％～84.95％$。

临床结果还显示，蜂胶可用于高黏滞血症患者的治疗，患者服药后，症状明显改善，血液黏度下降，自觉头脑清晰，肢体麻木消失，体力增加。

蜂胶显著的降血脂、降血液黏度的效果，对预防心脑血管疾病的发生，具有重大的意义。

（4）对糖尿病的治疗　经研究证明，蜂胶中的黄酮类、萜烯类等物质，具有促进利用外源性葡萄糖合成肝糖原的作用，有明显降低血糖的作用。蜂胶由于有促进组织再生的能力，因此，对发生病变的胰岛细胞有治疗、修复和保护的作用。而且可预防和治疗糖尿病患者出现的各种并发症。

用蜂胶治疗糖尿病，一般来说，约有39％的患者能在1～2周内恢复正常，其他患者服用两个月后，有94.7％的患者都会获得显著的降糖效果。

6. 其他疾病　蜂胶除了对上述的疾病有疗效外，对妇科疾病（宫颈糜烂、滴虫性阴道炎等）、眼科疾病（角膜炎、角膜和眼睑溃疡、结膜灼伤等）、恶性肿瘤、结核病、高血压和慢性前列腺炎等，都的治疗和辅助治疗的作用。

九、蜂胶在美容化妆品上的应用

蜂胶除了广泛应用于临床治疗外，还具有显著的美容效果，因此，也广泛应用于美容化妆品上。

内服蜂胶，不仅可以排除机体代谢过程产生的一些对人体有害的毒素、净化血液、改善微循环，还能阻止脂质氧化，减少色素沉积，可使毒素、粉刺、褐斑等消退。

蜂胶除可口服外，外搽也有效果。据试验，每天早晚在化妆品中混入 1、2 滴蜂胶液，用来搽脸，加以适当的按摩，使用一段时间后，脸上的色斑等就会逐渐淡退，肤色红润有光泽，就可收到美容的效果。

在国外，由于对蜂胶的应用研究较早，有多种多样的蜂胶美容品作为商品供应消费者。而我国在这方面的起步较晚，现只有蜂胶皂和蜂胶面脂等少量商品面市外，其他的蜂胶美容品，暂时还很难买到。

十、蜂胶在其他行业上的应用

蜂胶在畜牧业上也有广泛的应用。蜂胶作为饲料添加剂，可预防仔猪痢疾和鸡副伤寒等多种疾病。用蜂胶制剂，可治疗家畜和家禽的多种疾病如医治坏死杆菌引起的家畜慢性传染病、口蹄疫等。蜂胶还是制造家畜和家禽疫苗的免疫增强剂。

农业上很早就用蜂胶作植物嫁接的木蜡，用于防治温室黄瓜和烟草幼苗病毒病。水产加工业中使用蜂胶可以使冻鱼贮存期延长 2～3 倍时间。

蜂胶作为一种新的防腐剂，已在水果、食品和饮料上应用，并取得了效果。

蜂胶是一种天然的树脂漆，可用于高级乐器、家具等的

油漆。

十一、蜂胶的加工和蜂胶制品

1. 提取加工　刚从蜂箱中采集出来的蜂胶，由于含有大量的杂质，如木屑杂草等；再之，蜂胶中含有较多的无效成分，如蜂蜡等；还有一些含有过量的重金属等。因此，不能直接食用，要经过加工除杂和提取，做成各种制品使用。常见的蜂胶提取方法有 3 种，现简介如下。

（1）蜂胶乙醇提取　将蜂胶置于 0℃ 下冷冻，然后将其粉碎成粉末状。将粉碎后的蜂胶以 1∶4 的浓度加入 95％ 的酒精，浸泡 24 小时以上，用滤布过滤，除去杂质。获得的滤液可直接使用，也可将滤液减压低温浓缩成蜂胶浸膏（酒精可回收）。

（2）蜂胶乙醇乙醚提取　取粉碎的蜂胶 100 克，浸于 120 毫升 70％ 乙醇和 40 毫升乙醚中，3 天后过滤，滤液即为提取物。

（3）蜂胶水溶液的制备　取粉碎的蜂胶 100 克，加 95％ 乙醇 300 毫升，浸泡 3 天后再加水至 1 000 毫升，摇荡过滤，即为蜂胶水溶液。

蜂胶经过提取后，有必要的还要进一步提纯除去一些如重金属离子等物质，以使其符合有关标准要求。

2. 蜂胶制品　蜂胶经过提取和提纯后，就可作为原材料加工成蜂胶制品。由于蜂胶对人体的显著功效，市场上的蜂胶制品多种多样，而且不断推出新的品种。现就目前常见的蜂胶制品介绍如下。

（1）蜂胶蜜　是用蜂胶浸膏和蜂蜜、香料等搅拌混合而成，特点是口感舒适。对胃溃疡、慢性肠炎等肠胃消化道疾病有疗效。

（2）蜂胶胶囊　将蜂胶提取物经低温干燥后粉碎，适当添加填充剂，用胶囊包装即成。特点是有效成分高、食用和携带都方便。对各种蜂胶适应证都有疗效。

（3）蜂胶片或蜂胶锭　将蜂胶提取物加入填充料或其他药物，压制成片状或锭状。特点是食用和携带都方便，对内科、妇科等疾病适用。

（4）蜂胶酊和复方蜂胶酊　蜂胶和乙醇的混合液就叫蜂胶酊，再加进行其他药物就成为复方蜂胶酊。蜂胶酊主要用于各种皮肤病的治疗。

（5）蜂胶水溶液　是先将蜂胶用乙醇溶解后，加入乳化剂（多用吐温等），使之能溶于水中，主要用于内科疾病的治疗，但实验证明，其抗菌性已降低，因此不适于抗菌消炎的使用。

（6）蜂胶药膜　将蜂胶提取物加入其他药物和填充物，做成薄膜，叫蜂胶药膜。该药膜主要用于口腔疾病的治疗，对复发性口疮、牙周炎疗效显著。

除上述外，还有蜂胶露、蜂胶口服液、蜂胶贴敷剂、蜂胶乳膏、蜂胶牙痛水、蜂胶气雾剂、蜂胶牙膏、蜂胶药皂、蜂胶护肤霜、蜂胶发膏、蜂胶口香糖等。

十二、蜂胶的使用和保存

从蜂箱采下的蜂胶一般不能直接食用，食用的蜂胶都为蜂胶制品。由于制品的剂型、含量和添加剂的不同，其服用量和服用方法有所不同，因此，可按说明服用，或在医生指导下使用。

有个别人对蜂胶可能出现过敏现象，因此，对过敏性体质的人要慎用。对一般人在服用时，刚开始可用较少的量试服，无不良反应后，才适当加大用量。对个别人在使用过程（内服或外用）如果出现过敏现象，应立即停止使用，一般过敏现象就会消失，对于过敏比较严重的应到医院治疗。

由于蜂胶中很多具有治疗功效的物质是挥发性油，因此，对蜂胶及其制品在保存时，要注意密闭，并放置在阴凉、干燥的地方。

重点难点提示

1. 蜂胶是蜜蜂从胶源植物上采集的树胶，同时经蜜蜂的加工而成的物质，有"紫色金子"的美誉，主要成分为黄酮类化学物。为一种天然广谱抗菌素，号称血液清洁剂。有抗菌消炎、抗氧化、抗癌、提高免疫力、降血脂、促进组织再生等作用。从蜂场采集的蜂胶由于含有大量的杂质，必须经过加工才能食用，对过敏性体质的人要慎用。

2. 黄酮类物质对于人体的生理功能。

第六讲
蜂巢和蜜蜂躯体

—— 鼻 炎 克 星 和 人 类 的 美 食

本讲目的

了解蜂巢和蜜蜂身体的作用。

一、蜂巢

1. 蜂巢的来源　在第一讲"神奇的蜂巢"一节中,我们已作了介绍。蜜蜂的蜂巢是由青年工蜂分泌的蜡片构筑而成片状物,叫巢脾,上面垂直分布着一个个六角柱形的小眼叫巢房,巢房是蜜蜂用来产卵育虫、繁育后代以及贮存蜂蜜和花粉等食物的地方。

蜜蜂每次在巢房里育子,其幼虫将要化蛹时,会在巢房里吐丝作一个薄茧以保护自己,当蛹羽化出房时,这层茧衣就留在巢房里。随着蜜蜂育子的次数增多,巢房里的茧衣也增加,房眼的体积越来越小,整片巢脾的颜色也越来越深,甚至变成了棕褐色,这时育出来的蜜蜂个体就越来越小,对中蜂来说,蜂王就不喜欢到这种巢房中产卵了,这种巢脾,养蜂员叫它为老巢脾。由于老巢脾不利于蜜蜂育子,养蜂员就把它从蜂巢中抽出来,并换上新的巢础(人工用蜂蜡做成的蜡片,专供蜜蜂筑巢用的基础)让蜜蜂重新筑巢。

这种从蜂巢里抽出来的老巢脾,也是一种具有药理作用的蜂产品。

2. 蜂巢史话　我国劳动者人民对蜂巢的认识已有很悠久的历史。早在三四千年前，商殷时期的甲骨文中，已有了"蜜"字的出现，说明当时人们已经认识蜜蜂和采食蜂蜜，由于蜂蜜藏于蜂巢之中，故认识蜂蜜，就知道蜂巢。

公元前1～2世纪《神农本草经》中把"蜜蜡"列为药中上品，据专家考证，蜜蜡就是蜂巢。《神农本草经》有"蜜蜡味甘、微温、无毒。主治：下痢脓血，补中、续绝伤金疮、益气、不饥耐老"的记述。这说明在当时，人们已了解到蜂巢为蜡所造，并已知道可作为一种治病的药物。

汉代张仲景在《金匮要略》中，有用蜂蜡组方"调气食"治痢疾的记载。当时用蜜蜡等蜂产品治病已较为普遍。

晋代葛洪在《抱朴子》一书中，记载了蜜蜡外用的方法，"犬咬人重发，疗之火灸蜡，灌入疮中"、"治狐尿刺入肿痛，用热蜡着疮中，又烟熏之令汗出，即愈"。

唐代著名医药学家孙思邈(581—682年)，在《千金要方》和《千金翼方》中有治痢的"胶蜡汤"及蜜蜡"能止癣"的记载。

唐代顾况著的《采蜡一讲》中有"采蜡，怨奢也。荒岩之间，有以犷蒙其身，腰藤造险"。对人们冒着生命危险，攀登悬崖，采收野生蜜蜂的蜂蜡，做了生动和形象地描述。

明代著名的医药学家李时珍在他所著的《本草纲目中》，亦把"蜜蜡"列为药中上品，有"蜡乃蜜脾底也"的记述，对其药性和功效有这样的记载，"疗久泄癣后见白脓，补绝伤，利小儿，久服轻身不饥。孕妇胎动，下血不绝，欲死。以鸡子大，煎三沸，投美酒半升，立愈。又主白发，镊去，消蜡点孔中，即生黑者"。并列出蜂蜡配方及其具体用法20多条。从这可见，对蜂蜡的来源和作用，已有了较全面的了解。

据有关资料介绍，古人荒年以食蜂蜡度饥，蜂蜡和大枣咀嚼，容易嚼烂。蜂蜡和松脂、杏仁、枣肉、茯苓同等数量合后为丸，食用50粒便不饥。

我国闻名于世的中医中药，源远流长，中药丸的制作，就离不开用蜂蜡为壳。

蜂巢作为一种中药，用于对疮疖的治疗，也应有上千年的历史。蜂巢民间用于治疗各种鼻炎，则流传至今。

电，给现代人带来了光明，是现代人的专利。在古代，人们的照明用的是油灯和蜡烛。蜡烛与油灯相比，具有明亮无烟的优点，但价钱昂贵，因此，蜡烛多用于宫廷、寺庙和达官贵人家使用。在古代，蜂蜡就是造蜡烛的主要材料，直到明、清时代，虫白蜡的大量发展，才部分代替蜂蜡的作用，直到今天，一些教堂、神庙用的高级蜡烛，仍然以蜂蜡为原材料。

过去，人们对蜂巢的认识和应用多重于蜂巢中的蜂蜡，养蜂者从蜂箱中抽出的巢脾，往往只提取蜂蜡，剩余的随即丢弃。随着科学的发展，化学分析技术的提高，人们进一步了解蜂巢的其他成分，发现蜂巢除蜂蜡外，其他的物质也是一种对人体具有多种生理功能的珍贵蜂产品。

3. 蜂巢的生产和蜂巢中蜂蜡的提取　由于蜂蜡可以作为一种药物，养蜂生产本身又要用到蜂蜡，因此，蜂蜡本身就是一种具有经济价值的蜂产品，养蜂者通常利用添加巢础，让蜜蜂多造蜂巢，收取封盖蜡、收集蜂箱中蜜蜂所造的赘脾，抽出旧巢脾提取和在蜂箱中加入采蜡框的方法来进行蜂蜡的生产。由于在养蜂生产上，养蜂者经常要把旧巢脾从蜂箱中抽出来换掉，因此，利用旧巢脾提取蜂蜡是现在生产蜂蜡较常用的措施。我国年生产蜂蜡约1 000多吨。

养蜂者把旧巢脾从蜂箱中抽出来后，通过水煮、日晒、蒸煮等方法，把蜂蜡从巢脾中提取出来，被提取了蜂蜡后的蜂巢残留物到现在，还没有人给它定一个正式的通用名称，有的人叫它为蜡渣，有的人仍叫它为蜂巢，有的人干脆称为蜂巢提取物。为了方便后面的叙述，我们在这里就把它称为蜂巢提取物。

4. 蜂巢的理化性质和化学成分

（1）蜂蜡的理化性质和化学成分

①蜂蜡的物理性质

a. 形状　常温下，蜂蜡为固态，折断打开时，断面有很多微细颗粒状晶体。具有可塑性和润滑性。

b. 颜色　蜂蜡的颜色随蜂种、蜜源植物、巢脾的新老程度和加工技术的不同而有所差异。蜜蜂刚分泌的蜡片，一般为白色，所以蜜蜂刚造成的蜂巢都呈白色。巢脾贮存花粉时，受到花粉中的脂溶性胡萝卜素等色素染色，而变为黄褐色。育子区的巢脾因受蜜蜂多次哺育幼虫后，茧衣及蜂胶等物质在巢内的积累，而使颜色逐渐加深，最后变为棕褐色。由于上述原因，蜂蜡一般提取后呈浅黄色到深黄色，中蜂蜡的颜色较西蜂蜡浅。

c. 理化常数　在 20℃时，比重为 0.954～0.964；熔点为 62～67℃；折射率为 1.44～1.46；碘值 6～13；皂化值为 75～110。不溶于冷水，微溶液于酒精，溶于苯、甲苯、松节油、四氯化碳、二硫化碳、乙醚、氯仿等有机溶剂。

d. 热量值　燃烧 1 克蜂蜡，能产生 42.47 千焦热量。

②蜂蜡的化学成分　蜂蜡是一种化学成分十分复杂的有机化合物。总的来说，蜂蜡的主要成分由高级脂肪酸和高级一元醇所合成的脂，占 70%～75%，游离脂肪酸占 12%～15%，碳水化合物占 11%～17%，水占 2.5%，还有少量的芳香物质、色素和微量元素等。

蜂蜡的成分可因不同蜂种、不同产地等有所不同。

商业部食品检测所对两个不同蜂种的蜂蜡成分进行检测，其结果见表 6 - 1。

表 6 - 1　不同蜂种的蜂蜡化学成分（%）

蜂　种	烃	单　酯	游离酸	碳氢化合物
中　蜂	14.6	34.0	1.6	50.3
意　蜂	12.3	44.5	9.0	36.4

烃类：中蜂蜡以碳数为 27 与 35 的烃含量较高，西蜂蜡碳数不同的烃含量较均匀。中蜂蜡缺碳数为 31 的烃，西蜂蜡则缺碳数为 37 的烃。

单酯类：都由偶数碳为 40～52 的单酯组成。中蜂主要为碳数 46 的单酯，占中蜂蜡单酯总量的 63%，占蜂蜡的 21%。西蜂主要为碳数 37 的单酯，且各种碳数不同的单酯含量较均匀。

游离酸：中蜂的游离酸只有 2 种，西蜂蜡则有 7 种。

（2）蜂巢提取物的主要成分　蜂巢提取物是蜂巢除了蜂蜡以外的物质。蜂巢提取物的成分十分复杂，其主要成分有树脂、油脂、色素、鞣质、糖类、有机酸、蛋白质、氨基酸、脂肪酸、甙类、酶类、维生素、激素和铁、钙、铜、钾、钴等矿质元素，还有许多性质未明物质。

5. 蜂蜡的感官简易鉴别　蜂蜡的感官简易鉴别，可参照表6-2。

表6-2　蜂蜡感官对照表

检查方法		纯蜂蜡	含有异物蜂蜡
眼　看		色鲜艳，无光泽	有光泽，透明
		表面一般凸起、有波纹	表面凹陷、平滑、无波纹
		断面结构紧密，结晶细腻无光泽	断面结构松散，结晶粒粗。有光泽、斜纹或白色颗粒状
耳　听		声闷（哑）	声清脆
鼻　嗅		有蜂蜡香气味	有异味或无味
口　咬		不碎、不散、不粘牙，能咬成不穿孔的透明薄片	易碎、易散、易粘牙、薄片易穿孔
手指推		用拇指推蜡表面发涩	表面光滑或黏、腻、软
手指起		用指甲向前推起不起蜡花	含石蜡，易推起蜡花

检查方法	纯蜂蜡	含有异物蜂蜡
拉　捻	将蜡块软化，捻成细条，易拉断，断头整齐，将两段重合，易捻在一起	含石蜡的拉时伸长，断头带尖，两段重合，捻不到一起，有重皮分层
火　烧	用火直接烧，熔化的蜡珠滴在草纸上，珠片均匀，不浸草纸，无杂渣，滴入水中成均匀薄片，透明，手捻不易碎	含有石蜡蜡珠滴在草纸上成堆；含油的浸纸；含淀粉的蜡珠成堆，有杂渣。蜡珠滴入水中凝固快，边薄中间厚，手捻易碎

6. 蜂蜡在医药和临床上的应用　蜂蜡在医药和临床上的应用历史悠久，应用范围广泛。从理疗、内科、美容到中药的包装和制剂、润滑剂、培养剂、栓剂和牙科模型等，都用到蜂蜡。

（1）蜡疗　蜡疗是将蜂蜡加热熔解，作为温热的介体，涂布或热敷于局部，让热能传入机体，并通过润泽和机械压迫，将有效成分导入机体内，而达到治疗的目的。

蜡疗是我国传统医学临床应用方法之一，已有丰富的资料记载。蜡疗具有方法简单、操作方便，适应性广、疗效良好、安全经济等特点。

（2）蜡疗的原理与作用

①原理　蜂蜡热容量大，导热率低、能阻止热的传导，散热慢，气体和水分不易消失。用蜂蜡作蜡疗时，其保温时间长达 1 小时以上。蜂蜡具有可塑性，用于蜡疗时，能密贴于体表，同时还可加入一些其他药物协同进行治疗。此外，利用蜂蜡进行蜡疗时，蜂蜡中的有效成分，还有促进创面的上皮再生的作用。

②作用　蜡疗对机体有三方面的作用。

a. 有改善微循环的作用　蜂蜡在机体局部皮肤作热敷时，其温热可保持 1 小时以上，蜂蜡的温热可使热敷部位温度升高，使毛细血管扩张、加速血液流通、毛孔开放、结缔组织代谢活跃、使局部肿胀消失。此外，能使痉挛缓解，有止痛的作用。

b. 局部机械作用　在蜡疗的过程中，由于液体蜂蜡在冷却时体积逐渐缩小，因此，对局部有机械压迫作用，可促进代谢；可以保护创面，促进上皮的再生。

c. 导入的作用　蜡疗时，可将蜂蜡中的一些有效成分和加入的药物，透过皮肤进入机体，而起到治疗的作用。

（3）蜡疗的适应证　蜡疗的适应证很广，如骨伤科的软组织挫伤、扭伤和骨折等；外伤造成的组织粘连、瘢痕疙瘩及关节挛缩强直；各种关节炎、肩周炎、肱骨外上髁炎以及腱鞘炎、滑膜炎等疾患；肌炎、肌萎缩、皮肤肌肉硬化症；神经炎、神经痛、神经外伤及后遗症；胃和十二指肠溃疡、胃肠炎、罗功能紊乱和胆囊炎等消化系统疾病；月经失调、痛经、慢性盆腔炎、附件炎及宫颈糜烂等妇科疾病；对眼科的外伤性虹膜炎、虹膜睫状体炎等也有一定的疗效。对很多慢性炎症的治疗，都有不同程度的疗效。

（4）蜡疗的方法　操作前，先将蜂蜡置于双层锅中，用水浴加热法将蜂蜡熔化，注意不要让水进入蜂蜡中。将要治疗的部位洗净，有毛发的地方可先涂上一层凡士林。

蜡疗的方法有多种，如蜡饼法（把熔化的蜂蜡倒于盘中做成饼，贴于患处）、蜡袋法（把蜂蜡用聚乙烯袋装起，放入热水中熔化后敷于患处）、蜡布法（用纱布条浸于熔化的蜂蜡中，取出后包于患处）、刷蜡法、浸蜡法、浇蜡法、面部蜡疗法、眼部蜡疗法以及妇科专用的浸蜡棉球法等，使用时可视具体病况选择。在局部敷上蜡后，可在外面用保温物覆盖，以减缓温度下降。

用蜡疗治疗的时间一般为 30～60 分钟，每天或隔天 1 次，20～25 次为 1 疗程。

蜡疗时要注意准确掌握好蜡温，对儿童的蜡温要适当低些。在使用过程，患者有疼痛的感觉要立即检查处理，对出现皮疹的要停止使用。

蜂蜡重复使用时，每次使用前要将蜂蜡加热到 110～120℃，维持 15 分钟, 当温度降至适宜时进行蜡疗, 每次要加入 10%～15% 的新蜂蜡, 以便维持蜂蜡中有足够的有效成分。对溃疡面和体腔内使用过的蜂蜡, 不能再重复使用。

7. 蜂蜡在养蜂生产和其他行业上的应用

(1) 蜂蜡在养蜂生产上的应用 蜂蜡除在医疗上的广泛应用外, 在养蜂生产和其他行业上也有广泛的应用。

在养蜂生产上, 蜂蜡是用来制作巢础和人工育王时制作人工"王台"的原材料。巢础是蜜蜂筑造巢房的基础, 在天然状况下, 蜜蜂可以自己筑造一张完整的巢脾, 但速度慢、消耗的蜂蜜多, 不能按科学养蜂技术要求, 准确地筑造在人工为它安排的巢框上。用人为的方法, 把蜂蜡做成一张印有巢房基部花纹的蜡片, 就叫巢础。把巢础装在巢框上, 放入蜂群中, 在适宜的蜜粉源条件下, 蜜蜂就会在巢础上做出新的蜂巢出来。

人工王台是用来人工培育蜂王和生产蜂王浆时用的, 在蜂王浆一节中我们已作了介绍。

(2) 蜂蜡在光学仪器、电子和机械上的应用 蜂蜡在光学仪器上可以用作胶条蜡、抛光蜡、保护蜡和刻度蜡等的原材料。

在机械工业上, 蜂蜡可以作为防锈剂、润滑剂和保护层的原材料; 可以用作机械制造高精密度铸件的蜡模材料。

由于蜂蜡具有高绝缘的性能, 在电子工业上, 常被用于一些电子元件的绝缘材料。

(3) 蜂蜡在轻、化工业上的用途 蜂蜡在轻、化工业上有很广泛的用途。如用于制作蜡烛、彩色铅笔、戏剧油彩、日用化妆品(各种霜、膏等)、油墨、蜡光纸、鞋油、上光蜡、家具蜡等的原材料。

(4) 蜂蜡在医药和食品上的应用 蜂蜡在制药工业上, 主要用于包装用蜡(如中药丸蜡壳等)、外用膏剂和滑润剂的原材料。在口腔科上, 蜂蜡常被用来做铸造蜡、基托蜡和粘蜡等。

蜂蜡在食品上, 可用作食品的防腐涂料, 食品包装蜡纸的原材料，用作一些食品的外衣，对食品起保护作用。

（5）蜂蜡在农、林业上的应用　从蜂蜡中，可以提取出一种植物生长刺激素三十烷醇，三十烷醇对农作物的增产效果显著。可以提高植物的光合作用，提高结实率，促进早熟等作用。

在林业上，蜂蜡可以用来做果树嫁接的接木蜡，可以用作制造害虫防治的黏着剂。

（6）蜂蜡在其他方面的应用　在纺织、印染业上，蜂蜡用作制作蜡线、通丝、防雨布、少数民族的蜡染的材料。在玉器制造中可用作黏蜡、成品过蜡。在木器漆雕上，可用做抛光蜡。蜂蜡还用于卷烟防潮纸、感光材料、复写纸、教具模型等的制作。

8. 蜂巢提取物的生理作用和临床上的应用

（1）蜂巢提取物的生理作用

①抗菌作用　蜂巢提取物具有抗菌的作用。试验表明，浓度较高的蜂巢提取物，对金黄色葡萄球菌、绿脓杆菌、大肠杆菌、痢疾杆菌和伤寒杆菌等有一定的抑制效果。对烟曲、黄曲、茄镰、串珠等真菌也有抑制的作用。

②降低胆固醇的作用　蜂巢提取物降低胆固醇的作用十分显著。王金庸等临床观察，用巢脾治疗高胆固醇 50 例，以一个月的治疗，全部有效，疗效达 100%。

③蜂巢的安全性　有关科研人员用相当临床用量 100 倍的剂量，灌喂小白鼠，观察 72 小时，只有 50% 的小白鼠死亡。试验证明，只要用量合理，不会产生副作用。

笔者在蜂巢应用中发现，服用西方蜜蜂的蜂巢提取物，约有 6% 的人出现不同程度的过敏反应，而在数百例服用中蜂巢提取物的患者中，未见有过敏反应产生。我们初步分析，这可能与西蜂巢中含有一定量的蜂胶等物质有关。

（2）蜂巢在临床上的应用

①对鼻炎的治疗作用　王凯良等报道，用蜂巢制剂治疗鼻炎，总有效率达 82%。民间用蜂巢治疗鼻炎的历史悠久，并有

良好的疗效。

治疗鼻炎，也可直接咀嚼蜂巢、用蜂巢煮水的办法服用，同样，有良好的疗效。

②对高血脂的治疗作用　蜂巢提取物对降低血脂的作用迅速而明显。笔者在例行体检中发现高血脂严重，后用蜂巢提取物经一个月治疗，血脂基本降至正常。

在很多用蜂巢治疗其他病的患者中，也发现蜂巢降血脂的作用，同时还发现有降血压、升高血小板的作用。

③对肝炎的治疗作用　杭州市第一人民医院全国梁等报道，用蜂巢制剂治疗乙型肝炎表面抗原慢性携带者 89 例，获得表面抗原近期转阴率为 85.1％的疗效，明显高于对照组。同时，还观察到蜂巢浸出液对表面抗原有灭活的抑制作用，还有促进细胞的免疫功能、提高人体的免疫水平。

④对风丹等的治疗作用　湖南罗启用蜂巢治疗风丹 21 例，全部有效，无一复发。这是对蜂巢有祛风去痛，解毒止痒之功能的证实。民间用于治疗疮疖等，也获得好的疗效。

⑤对风湿性、类风湿性关节炎的治疗　王润洲等用蜂巢胶囊治疗风湿性类风湿性关节炎 30 例，经 2 个月的治疗，获得有效率为 93.3％的疗效。

9. 蜂蜡和蜂巢制品

（1）蜂蜡制剂　蜂蜡制剂，最常见的是一些膏剂，如伤裂膏、玫瑰油软膏等，是由蜂蜡加于其他药中制作而成。主要用于一些皮肤疾患的治疗。

（2）蜂巢制剂　最常见的是把蜂巢做成冲剂，如用于治疗鼻炎的鼻炎冲剂、治疗肝炎的肝炎冲剂。此外，还有把蜂巢提取物与蜂蜜混合后做成的蜂巢素等。

10. 蜂巢的服用和保存　蜂巢的食用，如果直接食用从蜂群里抽出来的蜂巢，一定要保证蜂巢新鲜，不能食用有巢虫（为一种蛀食蜂巢的螟虫）和发霉的蜂巢。可把蜂巢切成小块，用口咀嚼，每次 10 克左右。也可每次用蜂巢 30 克，加温水 100 毫升，浸泡 1 小时，然后用慢火煮至 50 毫升，用纱布过滤后冷却除去蜂蜡，即可饮用。

为了方便，可用蜂巢 1 000 克，加水 250 毫升，煮至充分熔化，用纱布过滤，滤渣再加 250 毫升水共煮，再过滤。两次过滤所得的滤液冷却后，除去蜂蜡，再加入滤渣慢火共煮 30 分钟，过滤去渣，滤液加入等量的蜂蜜，冷却后用干净的容器保存，分 30 次食用，每天服用 2 次。对蜂巢制剂，可按说明或在医生指导下服用。

由于蜂巢一离开蜂群后，很易受到巢虫的蛀食和受到霉菌等的污染，所以，从蜂群抽出后应马上把蜂巢用干净的塑料袋包装好，并放于冰箱中冷冻保存。

11. 食用蜂巢要注意的问题　在用蜂巢作为食用治疗时，有少数食用西蜂蜂巢的患者出现过敏现象，因此，如果直接食用蜂巢，建议最好食用中蜂蜂巢。对一些过敏性体质的人，对蜂巢要慎用，可从少量开始，在适应后逐渐加大服用量。有部分患者刚开始食用蜂巢或其制剂时，有轻度腹泻的现象，要予以注意。

蜂巢的有效成分主要来自蜂蜡以外的物质，如茧衣、花粉、蜂胶等，因此，蜜蜂刚筑造的新蜂巢，其疗效远不如经蜜蜂多次育子的老蜂巢，蜂巢的颜色越深，疗效就越好。

二、蜜蜂躯体

蜜蜂躯体包括蜜蜂幼虫和蛹以及成蜂的躯体。

在蜂产品中，除了蜜蜂从外界采集的经蜜蜂加工的产品、蜜蜂分泌的产品外，蜜蜂的蛹、幼虫和成蜂的躯体也是一种蜂产品。

近年来，随着人们对天然食物的崇尚，昆虫食品受到人们的青睐，在众多的昆虫食品中，蜜蜂的蛹和幼虫，是不可多得的美食，很受消费者的推崇，因此，蜜蜂的幼虫和蛹是很有开发价值的蜂产品。

1. 蜜蜂幼虫和蜂蛹的来源　蜜蜂是一种完全变态昆虫，其个体发育要经历卵、幼虫、蛹和成虫（成蜂）四个阶段，由于蜜蜂有蜂王、工蜂和雄蜂三型之分，因此，蜜蜂的幼虫和蛹也有蜂王幼虫、工蜂幼虫、雄蜂幼虫以及蜂王蛹、工蜂蛹和雄蜂蛹之分。目前，作为产品进行研究和开发的主要为蜂王幼虫、雄蜂幼虫和雄蜂蛹，以蜂王幼虫和雄蜂蛹为主。蜂王幼虫、雄蜂幼虫和雄蜂蛹由于是蜜蜂的幼仔，所以，民间习惯统称它们为"蜂仔"。

在蜂王浆一讲中，我们已介绍过，蜂王浆在生产过程中，在取浆时要把移进王台里的幼虫挑出来，这就是蜂王幼虫，俗称"蜂王胎"。因此，蜂王胎原来是生产蜂王浆的副产品，在人们认识到蜂王胎的营养作用后，才被列为正式的蜂产品开发。在生产蜂王浆时，一般每生产1千克蜂王浆，同时可得到0.3千克左右的蜂王胎，我国每年约生产蜂王浆4 000吨，约可得到蜂王胎1 200吨，由于蜂王胎的保鲜比蜂王浆更难，因此，能得到开发利用的蜂王胎就极少数。

雄蜂在正常的情况下，是在蜜蜂进入繁殖季节时才出现，在蜜蜂王国探秘一讲中，我们也介绍过。蜂群要培育雄蜂时，会在巢脾的两个下角，造出比工蜂房大的巢房叫雄蜂房，蜂王就会在里面产下未受精卵，以后就发育成为雄蜂。因为雄蜂的食量太大，因此，很多养蜂员往往将雄蜂蛹弃掉。当认识到雄蜂蛹的价值后，养蜂员利用蜂王能根据巢房大小控制产卵类型的特点，用人工的办法，生产出比工蜂房眼大的巢础，加进蜂群里，工蜂就会把它做成整张都是雄蜂巢房的雄蜂脾。蜂王在上面产下的都是未受精卵，以后全部都发育为雄蜂。当蜂王产卵后，约在第10天开始，幼虫就进入化蛹阶段，此时就可采收雄蜂幼虫。当蛹发育到第12天（约为产卵后的第22天）时，蜂蛹已发育成熟，就可以采收。对雄蜂蛹如果采收太早，蜂蛹太嫩，表皮易破损，造成体液外渗和蛹体的完整性受到破坏；

采收太晚，蜂蛹体表的几丁质硬化，甚至出了翅膀，失去了食用的价值。因此，以蜂王产卵后第22天为采收雄蜂蛹的最佳时期。采收雄蜂蛹时，养蜂员把封盖的雄蜂脾从蜂群中提出来，割开房盖，用木棍轻敲巢框的框梁，雄蜂蛹就被震落下来，这就是收获到的雄蜂蛹了。在一般情况下组织生产，一群蜜蜂一年可以生产10～15千克雄蜂蛹。

2.蜂仔史话　蜂仔作为一种味道鲜美的食品，在民间流传已有悠久的历史，早在古代。我国劳动人民就已食用蜜蜂幼虫和蜂蛹的习惯。

在公元前3世纪的《礼记·内则》中，就有蜜蜂虫蛹为帝王和贵族的食用珍品的记载。1973年，在湖南长沙马王堆三号汉墓出土的公元前3世纪末的古医方《五十二病方》中，就有蜂胎治病的配方。

唐末广州司马刘恂在其地理游记《岭南录异》中记载："鲁游宣（州）歙（州）间，见彼中人好食蜂儿，状好（如）蚕蛹而莹白。一房有蜂儿五斗或一石者，三分之一，翅足具矣，其余三之二，没有长成翅足者，即入盐酪炒之，曝干，以小纸囊贮之，寄入京洛以主方物"。可见其时蜂仔已成美味食品。

苏颂（1020—1101年）在《图经本草》中也有如下记载："今处处有之，即蜜蜂仔也。在蜜蜂中如蚕蛹而白色，岭南人取头足未成者油炒食之"。可见，其时岭南人食蜂仔之风颇盛行。

在《神农本草经》中，对蜂仔的药性有这样的记载"气味甘，平，微寒无毒"。

明朝著名医药学家李时珍，在其编著的《本草纲目》中，把蜂仔列为虫部药物，对其功用有这样的记载："主治头风，除蛊毒，补虚赢伤中。久服令人光泽，好颜色，不老"。

以上记载，均说明我国早已知道蜂仔的食用和医用价值。在西南地区的很多地方，采食蜜蜂虫蛹的习俗一直保持至现在。笔者小时，村邻有养蜂者，就经常馈赠蜜蜂蛹与我家，其美味至今记忆犹新。在国外，如美洲、澳大利亚等地区的很多民族，历史

上也有食用蜜蜂虫蛹的习俗，墨西哥尤卡坦岛上许多居民一直喜食新鲜的蜜蜂幼虫，美国、俄罗斯、法国、瑞典等国也把蜂蛹作为食品和上等菜肴。在日本，食用蜜蜂的幼虫和蛹已成风，我国现生产的雄蜂蛹出口日本占了很大的数量。

近几年来，随着生活水平的提高，我国的膳食结构产生了变化，高蛋白低脂肪的食物，成为人们理想的食物。昆虫食品成为了盘中美味，蜜蜂幼虫和蛹就自然地成为不可多得的佳肴，有的饭店甚至把雄蜂蛹等作为一种招揽顾客的招牌菜，因而大大地推动了养蜂者对蜜蜂仔的生产。

3. 蜜蜂幼虫和蛹的成分　由于蜜蜂幼虫和蛹的研究开发起步较晚，因此，对它们的分析研究也就较少，有关资料也相对较少，对蜜蜂幼虫和蛹的成分也只能简单介绍如下。

科研工作者对蜜蜂的蜂王幼虫和雄蜂蛹进行分析后证实，二者均含有极为丰富的营养物质。对雄蜂蛹分析结果表明，雄蜂蛹含水分42.7%、脂肪7.5%、蛋白质20.3%、碳水化合物19.5%、灰分9.5%、微量元素0.5%。

对蜂王幼虫分析结果表明，其基本成分与蜂王浆十分相似，其干物质中的蛋白质达到58%以上，磷的含量在0.5%～1.0%。

氨基酸是组成蛋白质的基本成分，在常见的20多种氨基酸中，有一部分人体可以合成，但有8种不能在体内合成，要从食物中获得，这8种叫人体必需氨基酸。

蜂王幼虫和雄蜂幼虫氨基酸含量都很丰富，8种人体必需的氨基酸都存在。雄蜂幼虫的必需氨基酸含量与鸡蛋比较见表6-3。

表6-3　100克雄蜂幼虫与鸡蛋的必需氨基酸含量比较

单位：毫克

名　　称	鸡蛋	雄蜂幼虫
异亮氨酸	0.85	1.83
亮　氨　酸	1.17	3.61

（续）

名 称	鸡蛋	雄蜂幼虫
赖氨酸	0.93	4.45
蛋氨酸	0.39	0.93
苯丙氨酸	0.69	1.13
苏氨酸	0.67	2.51
色氨酸	0.20	0.79
缬氨酸	0.90	2.44
总 和	5.80	17.89
评 分	100	308

对雄蜂蛹分析结果表明，不同日龄的雄蜂蛹氨基酸含量不同，8 日龄时第一次达到高峰，此后有所降低，然后又逐渐增加，20～22 日龄又达到最高峰。

（1）微量元素　蜂王幼虫和雄蜂幼虫含有大量人体必需的无机盐和微量元素，其中，钾、钠、镁、锌、磷、铁、铜的含量很高，而且含有较多的硒、钴、铬等稀有微量元素。最突出的是蜂王幼虫中磷的含量高达 0.5%～1%，这对作为人脑神经细胞的营养物质是很重要的。

（2）维生素　蜂王幼虫中的维生素 A 的含量十分丰富，仅次于鱼肝油，超过牛肉和鸡蛋。

雄蜂幼虫的维生素 D 含量极高，鲜雄蜂幼虫中维生素 D_3 含量高达 $193\mu g/g$，约为鱼肝油的 13～60 倍，蛋黄的 18 800 倍，牛奶的 2 900 倍。因此，对预防儿童佝偻病、老人骨质疏松等有很好的作用。

（3）生物活性物质　蜂王幼虫以及雄蜂幼虫和蛹，都含有多种具有生物活性的生物激素、酶类等物质。其中，含量最丰富的是蜕皮激素和保幼激素，这两种激素具有调节人体新陈代谢的作用，能促使蛋白质正常肽链的螺旋状结构的建立，并使氨基酸的序列正常化，从而有助于受肿瘤破坏的细胞结构正常化。

　　胡福良等（1999）对工蜂的幼虫和蛹的营养成分进行分析，发觉工蜂的幼虫和蛹的营养成分跟蜂王幼虫、雄蜂幼虫和蛹都很相近。

　　4. 蜜蜂幼虫和蛹的质量要求和感官检查　　由于蜜蜂幼虫和雄蜂蛹的开发起步较晚，尚未形成全国性的大规模生产，也就暂时未有国家或行业的标准，只有一些企业的标准，因此，对蜂王幼虫和雄蜂蛹的质量要求一般多为感官的要求。

　　（1）蜂王幼虫的感官要求和参考理化卫生要求

　　①感官要求

　　a. 色泽　　虫体呈乳白色，有光泽，不得出现黑灰色或其他色。

　　b. 气味　　正常气味，略带王浆香味，不得有腐臭等异味。

　　c. 外观　　虫体完整，有弹性，日龄、大小基本一致，不得呈糊状和有气泡产生。

　　d. 杂质　　虫体洁净，不得有砂粒、死蜂及其他昆虫，不得用水冲洗过。

　　②理化和卫生要求　　由于蜂王幼虫的理化标准，未经国家级的技术监督部门发布，因此，仅供参考用。

　　a. 理化标准

　　• 各种营养成分齐备；

　　• 含氮量 8%；

　　• 含水量 72%～82%；

　　• pH 为 5～5.4。

　　b. 卫生标准

　　• 细菌总数（个/克）≤30 000；

　　• 大肠杆菌（个/100 克）≤450；

　　• 致病菌不得检出；

　　• 有害重金属：铅（毫克/千克）≤1，砷小于 1 毫克/千克。

　　（2）雄蜂蛹的感官要求

①色泽　蛹的复眼浅蓝色，体色乳白或淡黄色，各蛹体颜色均一。

②外观　日龄一致，蛹体基本完整，六足已形成，翅未分化，体表的几丁质未硬化，不能有个体不完整的个体。

③气味　无异味，不能有酸败、腐臭气味。

④杂质　新鲜洁净，不得有砂粒、死蜂、蜂螨和其他异物。

5. 蜜蜂仔的生理效应　蜂王幼虫以及雄蜂幼虫和雄蜂蛹对机体生理效应的研究，目前还很少有人开展这方面的研究。据岑宁等（1999）报道，10％的蜂胎添加物，可以延长细胞的生长时间，结果提示，对人体具有抗衰老的作用。

作为一种保健食品，要推广应用，就要对其毒性进行观察，观察结果表明，在常规剂量下，蜂仔不会出现中毒反应，说明食用蜂仔是安全的。

6. 蜜蜂仔的应用　蜜蜂幼虫和蛹是营养价值很高的天然滋补品，在《神农本草经》中，记述了蜂仔有"除虫毒，补虚伤中，久服令人光泽，好颜色不老"的功效；陶弘景的《神农本草经集注》中指出，蜂仔酒渍敷面令人悦目。在此后的许多古籍中，也有蜜蜂幼虫的食用和药用的记载。

现代医学证明，蜂仔的营养价值很高，适合身体虚弱、疲乏无力、营养不良、手术后和病后以及发育不良的儿童食用。

杭州市的十个医疗单位用蜂王胎片作了多种疾病的实验性临床应用，疗效观察结果总有效率为75％。临床观察表明，蜂王胎对神经衰弱、风湿性关节炎、肝脏病都有疗养作用，均能使患者症状减轻、食欲增加，睡眠改善，精神好转，体力增强。多数风湿性关节炎患者红肿消退，疼痛减轻，抗"O"下降。肝病患者自觉症状改善，GTP下降。杭州肿瘤医院临床观察了24例癌症患者，因经放疗后造成白血球下降，蜂王胎片使其中17例白血球明显上升。

陈裕光（1999）报道，雄蜂蛹能显著减轻和解除妇女更年期出现的潮热症状。

国外报道，蜂王幼虫（蜂王胎）含有抑制肿瘤的特殊混合激素，有抗癌的作用。实践中发现，蜂王胎干制品对癌症患者经放疗和化疗后所造成的副作用（如恶心呕吐、食欲不振、失眠、脱发和心情烦躁等）有明显的减轻作用，提高癌症患者的体质和对治疗的承受能力。

7. 蜜蜂幼虫和蛹的加工和制品 蜜蜂幼虫和蛹的营养都很丰富，而且一离开巢脾后，在常温下很快就会死亡，虫体很快变黑，很容易受细菌的污染而腐败，因此，要及时进行保鲜和加工。

（1）蜜蜂幼虫的保鲜和加工 蜜蜂幼虫的保鲜方法有两种，在蜂场，可用60度以上的白酒或75％的酒精浸泡保存；有条件的地方可用低温保存。

蜜蜂幼虫的加工常见的是用酒浸泡，做成王胎酒，以及用低温真空干燥的办法，做成冻干粉，然后做成胶囊和片剂等。

（2）雄蜂蛹的保鲜和加工 由于雄蜂蛹能进行较大量的生产，并且在目前主要是作为食用用途为主进行开发，因此，其保鲜方法又不同于幼虫。

蜂蛹取出后极易变质，在1小时内要及时进行加工或置于低温下贮存（在−15℃下可保存3～4天）。对于无低温和加工条件的地方，不要把雄蜂蛹从巢脾上取出来，可连同巢脾一起到有加工条件的加工厂采收。

由于雄蜂蛹现在多数是作为食用的，因此，取出来的雄蜂蛹可用盐水煮沸15～20分钟，捞出来后晒至半干或用热风烘至半干，但注意温度不要太高。然后包装好，置于低温保存，不同咸度煮的蜂蛹，低温保存的温度要求不同，用50％的盐水煮的可以冷藏保存，用10％～15％的盐水煮的要用冷冻保存。近期有人尝试不用盐水而直接用开水煮过雄蜂蛹，经半干处理后，立即置于冷冻保存，其风味更加鲜美，不过其保存和运输过程都要求严格的低温条件。

雄蜂蛹的加工目前主要是做成罐头，其次是做成干粉，然后再做成胶囊或片剂等。

8. 蜜蜂幼虫和雄蜂蛹的食用方法　蜜蜂幼虫和雄蜂蛹都是营养丰富、味道香美的珍稀食品，现将其食用方法介绍如下。

（1）蜜蜂幼虫和蜂蛹的通用食法

①酒泡　50 度以上白酒 500 克，蜜蜂幼虫或雄蜂蛹 100 克，充分混合装瓶，密闭浸泡，10 天后即可食用。每晚睡前饮一小杯，有健身壮体，壮阳养颜的功效。

②油炸　方法是先将油烧热，然后下蜂仔，文火炸至金黄色后捞出即可食用。

（2）雄蜂蛹食用菜谱几例

近几年，雄蜂蛹作为食用昆虫中的珍品，得到很多美食家的赞誉，而使其身价百倍，有的饭店把它作为招揽顾客的招牌菜，现介绍几例常见的菜谱。在下面介绍的菜谱中，是以半干淡雄蜂蛹为原料的，如果是经盐水煮过的雄蜂蛹，要先用净水漂泡去盐，制作过程不再放盐。

①酥炸黄金蛹

主料：雄蜂蛹 150。

配料：土豆条 50 克，胡萝卜条若干。

调料：盐、味精、淀粉。

制作：将蜂蛹汆沸水，捞出沥干水，加入盐、味精等腌一会，放入淀粉，混匀，去掉多余的淀粉。

将炒锅放适量的油加热，先下土豆条和胡萝卜条炸熟，再将蜂蛹倒入，炸 1 分钟后起锅即成。

特点：营养丰富，色、味、香具全。

②蜂蛹蒸蛋羹

主料：蜂蛹 100 克，鸡蛋 2 个。

调料：盐、味精、酱油、香油。

制作：将氽过沸水的蜂蛹放进打过的鸡蛋中，加入盐、味精和凉开水，搅匀。用蒸锅旺火蒸 5 分钟，中间放气一次。出锅后在上面加入少量酱油和几滴香油即成。

特点：鲜嫩爽滑，清淡适口，极易消化，老幼皆宜。

③蜂蛹煎蛋

主料：蜂蛹 100 克，鸡蛋 3 只。

配料：盐、味精、葱花。

制作：先将蜂蛹氽过沸水，然后放入打过的鸡蛋中搅匀，炒锅下油，烧热，下蛋蛹煎至蛋熟，撒上葱花，上碟即成。

特点：黄者似金，白者如玉，香气浓郁。

④蜂蛹炒肉丁

主料：蜂蛹 100 克。

配料：鲜猪瘦肉丁 100 克，青豆（或甜粟米）100 克，青椒、红椒各 1～2 只、蛋清 1 只。

调料：精盐、酱油、料酒、味精、白糖、米醋、淀粉、姜、葱、蒜、香油。

制作：先将蜂蛹入沸水焯一下，捞出沥干，加盐、味精、料酒腌一会，再加入蛋清、湿淀粉浆匀；肉丁也用盐、料酒、味精腌后上浆；青、红椒切成小丁，葱切成小段，姜、蒜剁碎粒。用小碗把酱油、料酒、盐、味精、白糖和米制成红油。

炒锅加入 500 克食用油，烧至温热，将浆好的肉丁先下锅滑散至熟，捞出沥净油，再把浆好的蜂蛹下锅片刻（不要超过 1 分钟），捞出沥净油，将炒锅的油倒出，留少许油底，下姜、葱、蒜煸出香味，再下青豆、椒丁炒熟，倒入肉丁、蜂蛹颠翻两下，淋入红油、香油，翻匀上盘。

特点：色泽红润油亮，蜂蛹咸辣鲜嫩，酸甜适口，别具风味。

⑤蜂蛹酸辣汤

主料：蜂蛹 100 克。

配料：肉末 100 克，罐头冬笋 100 克，水发香菇 50 克，香菜少许。

调料：料酒、精盐、味精、胡椒粉、湿淀粉、米醋、香油、姜、葱。

制作：把蜂蛹入水焯一下，捞出沥干水；冬笋切片用水洗一下；姜、葱切细丝；芫荽洗净切段。

锅置火上，下清汤和冬笋片、香菇片、肉末（要打散）、米醋、料酒、精盐、胡椒粉、味精，调成酸辣味，沸后，撇去浮沫，加入蜂蛹和少许湿淀粉，撒入葱丝、姜丝和芫荽，滴上几滴香油即成。

特点：清淡爽口，酸辣咸鲜、开胃去腻。

9. 成蜂躯体的利用

（1）成蜂躯体的来源　成蜂指蜜蜂的成虫，即我们日常看到飞来飞去的蜜蜂。在国外一些地区，如美国的北方，蜜蜂冬天需要越冬，需要的饲料较多，蜂农经常在秋季采完蜜后，把蜜蜂杀死，次年再从南方买蜂放养。被杀的蜜蜂，就是成蜂躯体的来源。

在我国，由于只有东北一些地区蜜蜂有越冬现象，而且时间较短，蜂农无杀蜂的习惯，在平时，因蜜蜂的价值很高，蜂农也不会轻易杀蜂，因此，在中国，目前还没有可供开发的成蜂的躯体，但随着对成蜂的研究发展，可能会促进其利用和开发。

（2）成蜂躯体的成分和作用　科学工作者利用现代先进的检测仪器和设备对成蜂的躯体进行分析，结果表明：成蜂的躯体含有大量的蛋白质、氨基酸、矿质元素、维生素和脂肪等，还含有丰富的促性腺激素、单体蚁酸、核苷多磷脂（ADP）和多种酶类。其中，单体蚁酸的含量很高，这是一种高级的滋补物质，可治疗多种疾病。

宋心仿等（1991）报道，现代科学研究证实，蜜蜂躯体具有清热泻火、祛风消肿、抗菌、止痒、降血脂、促进肉芽组织生长及轻身健体的功效。食用成蜂躯体可增强体质，提高食欲、性欲，加速病后身体恢复，对营养不良和风湿病等具有良好和疗效。

（3）成蜂躯体的利用　我国对成蜂躯的利用虽没达到成规模开发，但已有很长的历史。广东省山区的一些蜂农，就有用高度白酒浸泡成蜂，用来治疗风湿病和作为一种壮阳药物，并取得了一定的疗效。

在国外，一些能获得大量成蜂躯体的地方，把杀死的蜜蜂烘干，磨成粉状，作为饲料的添加剂，促进家禽、家畜的生长，增加体重，提高抗病力。对成年家禽还能显著地提高产蛋率。

重点难点提示

1. 蜜蜂全身都是宝，蜂巢能入药治鼻炎，蜂王胎、蜂蛹等营养丰富、味道鲜美，是最佳的食用昆虫。
2. 蜂巢对人体的生理作用。

第七讲

蜂　毒

—— 蜜蜂的克敌武器，人类风湿病的克星

本讲目的

了解蜂毒的来源、化学成分、作用和使用时应注意的事项。

很多人谈蜂色变，究其原因，就是有过被蜂蜇的痛楚体会。按中医以毒攻毒的理论来说，被蜂蜇后那种痛楚是难以言喻的，但同时也给被蜇者带来健康。

一、蜂毒的来源

蜂毒是蜜蜂工蜂毒腺和副腺分泌出的具有特殊芳香气味的透明液体。平时贮存在毒囊里，当受到刺激蜇刺时，由蜇针排出。

人类掌握了蜜蜂排毒的机制后，用抓夹的方法，刺激蜜蜂产生蜇刺，使其蜇针直接刺入人体内，并排出毒液。也可用电取毒器进行人工取毒，当工蜂受到电流刺激时，把蜇针刺入取毒器的集毒层，毒液从毒囊中通过蜇针排出，并很快挥发干燥成小颗粒状，把这些小颗粒收集起来，就可用于制作蜂毒制剂。

在蜜蜂的三型蜂中，由于雄蜂无蜇针，蜂王虽有蜇针，其功能主要用于对同群同时出现的蜂王进行搏斗，平时基本不发挥作用，因此蜂毒主要是由工蜂产生的。新出房的幼龄工蜂毒囊中的毒液很少，随着日龄的增加，毒液也逐渐增加，到 15 日龄时，1只工蜂的蜂毒量约为 0.3～0.4 毫克，到 18 日龄后，毒液就不再增加。工蜂把毒液从毒囊中排出后，就不能再得到补充。如果工蜂把蜇针直接刺入人体内，因其蜇针上长有倒钩，加上人体肌肉的收缩，工蜂用力挣扎时，会使腹部末节和毒囊连同蜇针一起折断留在人体上，工蜂也会因此付出生命的代价。留在人体上的毒囊还会继续有节奏地收缩，使更多的毒液进入体内。

二、蜂毒史话

蜜蜂在地球上出现已有几千万年的历史，人类在远古时期对蜜蜂已有所认识。我国在三四千年前的甲骨文中，已有"蜜"字出现，证明当时人们已知道蜜蜂和蜂蜜，相信在其时的人应先被蜂蜇才能取其蜜，因此，也就先知蜂毒，后知蜂蜜。

人们对蜂毒作用的认识，是与养蜂生产相随并行的。在 19世纪末以前，我国只有中华蜜蜂，我国古代劳动人民在对其驯养过程中，先是防范蜂蜇的毒害，被蜂蜇多了，逐渐认识到蜂蜇治病的功效而利用蜂蜇治疗疾病，而成为世界上独特的医疗法——蜂蜇疗法。

早在 3000 多年以前，我国著名的古诗篇《诗经·周颂·小毖》中就有"莫於荓蜂，自求辛蜇"的记载。荓，植物、写兰，帚也；辛蜇，毒害，刑诛也。告诫人们，不要用荓去触及蜜蜂，自讨其蜇，毒害如刑。

公元前 3 世纪的《左传》有，"蜂虿有毒"的记述。

唐代顾况在《采蜡一讲》中，描述人们冒险攀岩采收蜂蜡时，还有这样的记述"及有群蜂毒肆，哀呼不应，则上舍藤而下沉壑。采者蜡于泉谷兮，煌煌中堂列华烛兮；新歌善舞弦柱促兮，荒岩之人自取毒兮。"

明代方以智（公元 1611—1671 年）所著的《物理小识》，卷五中，总结了前人用蜂毒治病的经验，记有蜂药针的配方和用法。有"取黄蜂之尾针，合硫炼，加水麝为药，置疮疡之头，以火点而灸之，先以湿纸覆疮疡，其易干者，即疮之顶也。"的记述。

在国外，对蜂毒的认识也有悠久的历史。古希腊科学家亚里士多德（公元前384—前322年）提出蜜蜂和黄蜂有蜇刺。公元前130年，古罗马著名医学家格林，在其所写的论著中，有蜂毒可以止痛的论述。公元742—814年的查理曼帝国的查理曼根·福兰克大帝，就是以蜂蜇疗法而著称，他当时认为蜂毒可治百病。沙俄伊凡雷帝（1530—1580年）用蜂蜇治好痛风性关节炎。

在一个世纪前，奥地利维也纳著名医生菲利普·特尔什患有风湿热病，偶然被蜜蜂蜇后而痊愈，引起他对蜂毒的极大兴趣，并用蜂毒对患者进行治疗，取得了良好的疗效，为蜂蜇疗法开创了临床实践的基础。此后，世界各地都有人进行将蜂毒应用于临床治疗的研究，并取得了成果。

1956年，我国蜂疗专家房柱先生开始研究蜂疗，并将蜂蜇疗法与我国的中医经络学说相结合，在临床上应用。经国内外蜂针师的不断完善，成为针灸医术中的一绝——蜂针疗法。

三、蜂毒的理化性质和化学成分

1. **蜂毒的理化性质**　天然蜂毒呈半透明黄色液体；味微苦，有特殊的浓香气；黏滞，比重为1.131 3，pH 为5.5，含水量为80%～88%；常温下易挥发，并很快干燥至原液重的 30%～40%左右，呈骨样透明块，加工提纯为白色粉末。

蜂毒不溶于乙醇，易溶于水、甘油等。蜂毒在胃肠道中，在消化酶和氧化物的作用下，活性很快丧失，干燥的蜂毒很稳定，如在密闭条件下，可保存数年而不变质。蜂毒溶液易被污染，在细菌作用下，很快变质。

2. **蜂毒的化学成分**　蜂毒是一种化学成分十分复杂的化合物。虽然蜜蜂每次排毒很少（干蜂毒 0.085 毫克），但含有多种生物活性很强的物质。国内外研究证明，现已知蜂毒的化学成分中水分为80%～88%，在干物质中，蛋白质占75%左右，灰分占3.67%，有钙、镁、铜、钾、钠、硫、磷、氯等元素。蜂毒的生物活性物质主要是蛋白质多肽类、酶类、生物胺，还有蚁酸、盐酸、Ⅱ-磷酸、磷酸镁、氨基酸、胆碱、甘油、类脂质和毒素（主要为密里酊，占毒素50%）。其中90%以上为磷脂酶A、蜂毒多肽和蜂毒明肽，而生物胺和酶类含量不高。

（1）蜂毒多肽　蜂毒中的多肽类占蜂毒干重70%～80%，主要是蜂毒肽、原蜂毒肽、蜂毒明肽、心脏肽、溶肥大细胞颗粒肽（又称MCD—肽）、赛卡品、托肽品、蜂毒肽F、安度拉平等。

①蜂毒肽　蜂毒肽为蜂毒的主要成分，约占蜂毒干重40%～50%，蜂毒肽是一种多肽溶血毒，是蜂毒中主要的抗凝组分，具有抗凝血的作用。

②蜂毒明肽　蜂毒明肽占蜂毒干重3%，是蜂毒中另一种重要的多肽。蜂毒明肽是动物神经毒素中最小的神经毒肽，可以通过各种给药途径，穿过血脑屏障，作用于中枢神经，是引起各种神经症状的主要多肽。强直性肌营养不良者，有蜂毒明肽受体，因此，蜂毒明肽对肌营养不良者有治疗作用。

③溶肥大细胞颗粒肽　溶肥大细胞颗粒肽，为蜂毒中第三种主要多肽物质，占蜂毒干重2%～3%，它能使动物肥大细胞脱粒（与树眼镜蛇的毒素相似），释放组织胺和5-羟基色胺，具有抗炎的作用，对中枢神经也有活性。

④心脏肽　心脏肽占蜂毒干重0.7%，毒性较小。有强的β-肾上腺素样活性，能使心率和心脏收缩力持久和增加。心脏肽抗心律失常的作用则与异丙肾上腺至少相似，其持续时间（可达90分钟）则比异丙肾上腺素（5～10分钟）长。因此，心脏肽可增强心脏功能，有防止心脏衰竭的作用。

⑤赛卡品　赛卡品又称镇静肽，与蜂毒肽的生物活性相类似，具有镇静的作用。

⑥托肽品　托肽品占蜂毒的干重小于 1%，具有神经活性。

⑦安度拉平　安度拉平具有很强的抗炎和镇痛活性，它对脑环氧化酶的抑制作用是消炎痛的 70 倍。

（2）酶类　蜂毒中含有高达 55 种以上的高分子生物酶，是引起机体超敏反应的有机成分。

磷脂酶 A_2 和透明质酸酯酶是蜂毒酶类中主要的活性物质，分别占蜂毒干重 12% 和 2%～3%。磷脂酶 A_2 具有很强的溶血作用，透明质酸酯酶主要是参与蜂毒对组织的局部作用，促使蜂毒成分在局部渗透和扩散。蜂毒中还存在一种多价的蛋白酶抑制剂，它起到保护磷酯酶 A_2 和透明质酸酯酶，使各种活性多肽在蜂毒中免受蛋白酶水解的作用。

蜂毒中还有甘氨酰-脯氨酸芳香基酰胺酶、C_4 和 C_8 脂肪酶、酸性磷酸酯酶、碱性磷酸脂酶、氨基己糖酶及乙酰胆碱酶等。

（3）非肽类物质　蜂毒中除含有肽类和酶类外，还含有组织胺和其他生物胺类化合物。

①组织胺　组织胺是蜂毒中的主要生物胺，约占干蜂毒的 0.1%～1.5%。组织胺的作用是引起平滑肌和骨骼肌的收缩，使皮肤灼痛。

②儿茶酚胺类　儿茶胺包括多巴胺、去甲肾上腺素和 5-羟基色胺。这些有参与疼痛调节、抗炎等作用。

除了上述外，蜂毒还含有腐胺、精脒、精胺等生物胺、乙酰胆碱、磷酸、蚁酸、甘油等。

四、蜂毒的神奇效应

蜂蜇令人畏惧，也给人带来了健康。古今中外，蜂毒的神奇疗效，屡见不鲜，从中国的《神农本草经》、古罗马格林的蜂毒可以止痛的记载，到现在形成专门学科的蜂针疗法，无不展现出蜂毒的神奇功效。

1952 年，刚满 11 岁的湘籍小姑娘王孟筠，虚报年龄，参军支边到新疆生产建设兵团。新疆边陲恶劣的自然条件，使她患上了严重风湿性关节炎，关节肿痛变形，全身几至瘫痪；听力几乎丧失，生活不能自理。虽经部队全力医治，病情有所好转，但仍有耳不能听，有脚不能行，借助助听器，只能听到大炮声，借助双拐杖，才能移动十几米，医生判断，这个小姑娘最多只能活到18～20岁。兵团领导对这个不幸的少女十分关心，王震司令员亲自安排王孟筠到四季如春的广东省农垦干部湛江疗养院治病和疗养。

离开新疆前夕，一位老大哥对她说：听说养蜂可以使人长寿，如果你去养蜂对你的生存是会有好处的。到了湛江后，疗养院就有一个养蜂场，王孟筠就每天拄着拐杖去看养蜂员养蜂。有一天，养蜂员外出开会，王孟筠一个人就偷着打开蜂箱，由于不懂操作，触怒群蜂，遭到猛烈围蜇，她连滚带爬，才脱离险境，但身体裸露的地方，已布满了被蜂蜇留下的蜇针。她全身肿痛，发着高烧。3天3夜过去了，她从昏睡中醒来，奇迹出现了，身上消肿之后，原来肿大的关节也跟随着消肿，坚硬的关节能活动了，她扔掉拐杖，能走路了，她因祸得福！事过一年，她又一次不小心遭到蜜蜂的攻击，全身留下了数不清的蜇针，她发着高烧，昏睡了7天7夜，醒来后，第二个奇迹出现了，失去听力多年的她，能清晰地听了到声音！她终于战胜了死神！

她爱上了蜜蜂，爱上了养蜂人，和养蜂员结婚，跟养蜂员一起去养蜂。为了回报社会，她学习蜂针疗法，用蜜蜂帮助千千万万的患者恢复健康，她取得了成功，现在，她成为名闻海内外的蜂疗专家。她说："蜜蜂给了我健康"。

在国外，也有类似的报道。日本富士大宫镇的养蜂员清重太郎，有一天因事外出，恰巧他家的一群蜜蜂分群了，分蜂群飞到院前一棵树上结团。他的父亲因身患风湿病卧床不起，见到蜜蜂分走，就挣扎着起来，想把蜜蜂收回去，谁知一失手，蜜蜂被激怒，老人家被蜇得满地打滚。当晚，家人给他进行各种治疗。没想到，过了几天，老人的腰腿变得和健康时一样灵活了，风湿病奇迹般地痊愈了。

笔者曾患"网球肘"，右手肘关节痛疼难忍，连拿筷子都不行。经中西医治疗，均无明显疗效，只好用打针封闭的办法暂时止痛。后自己用蜜蜂蜇刺治疗，每次用4只蜜蜂蜇痛点和曲池穴，每隔1天1次，经过7次治疗，疼痛消失了，时过几年，从未复发。

由此可见，蜂毒的疗效很神奇。

五、蜂毒的药理和生理作用

蜂毒为什么有如此神奇的疗效呢？让我们来看看蜂毒的药理和生理作用。

1. 蜂毒对神经系统的作用　蜂毒对人体具有明显的药理作用。全蜂毒及其组分蜂毒肽、托肽品和蜂毒明肽等，具有明显亲神经性。全蜂毒及蜂毒肽对烟碱型胆碱受体，有选择性阻滞的作用。蜂毒明肽可透过血脑屏障直接作用于中枢神经系统。蜂毒具有神经节的阻断作用，有明显的镇痛作用，其镇痛指数高于安替比林，低于吗啡。蜂毒中的镇痛抗炎多肽安度拉平对脑前列腺素合成酶的抑制作用约为消炎痛的70倍，而且其镇痛作用也涉及受体机制。

临床证明，蜂毒对神经官能症、偏头痛及三叉神经痛有较好的疗效。一般认为，蜂毒具有调节神经系统紧张度的作用，使大脑皮层活动正常化，调整物质代谢，从而促进神经本身的修复。

2. 蜂毒对血液系统的作用　蜂毒的抗凝血的作用和溶血的作用很强，在极低的浓度（1/1 000）下，就能产生溶血作用。这主要是蜂毒中的蜂毒肽和磷酯酶 A_2 具有增强血红细胞壁的渗透能力，导致细胞内的胶体大量渗出，细胞内渗透压降低，使细胞产生裂解产生"胶体渗出性溶血"。蜂毒在体内外都有抗凝血的作用，使血液凝固时间明显延长。

3. 蜂毒对呼吸系统和心血管系统的作用　蜂毒对心血管具

有强烈作用，如降压、抗心律失常，改善脑血流及心肌功能等多方面作用。

蜂毒对心脏有双向调节作用。小剂量对离体心脏有兴奋作用，中剂量表现为抑制的作用。受蜂蜇后，人体有呼吸加快的现象，这是蜂毒使血压降低，引起的反射性反应。大量的蜂毒可使机体大脑呼吸中枢麻痹导致死亡。蜂毒可引起动脉血压降低的效应主要与磷酸酯酶 A_2 有关。蜂毒中的心脏肽和蜂毒明肽有类似于异丙肾上腺素的抗心律失常的作用，而且作用的持续时间较异丙肾上腺素长。

4. 蜂毒对肾上腺系统的刺激作用　蜂毒的有效成分可以通过体液的途径，刺激垂体前叶，引起肾上腺皮质功能增强，而产生较多的皮质激素发挥抗炎和免疫功能的调节。

5. 蜂毒对抗炎免疫的作用　蜂毒具有明显的抗炎作用。国内外很多学者对蜂毒的抗炎机制进行了多方面的研究，表明了蜂毒中的多种组分具有抗炎的作用，可以直接抑制炎症和肿胀，比同样剂量的氢化可的松强 100 倍；并且蜂毒能刺激垂体，促使皮质激素的释放，而协同产生抗炎的效果；蜂毒对白细胞移行具有抑制作用，可限制炎症的局部反应；此外，蜂毒中所含的去甲肾上腺素和多巴胺等，也是具有抗炎功能的成分。

6. 蜂毒的抗菌作用　蜂毒中的蜂毒肽对革兰氏阳性细菌和阴性细菌均有抑制和杀灭的作用，对革兰氏阳性细菌的作用比阴性细菌强 100 倍。蜂毒浓度在 0.5～100 微克/毫升时，就显示出杀菌的效应。

蜂毒不但能直接杀灭细菌，还能增加抗菌素的抗菌性能。

7. 蜂毒的抗肿瘤作用　实验证明，蜂毒能明显抑制肿瘤组织的增殖。蜂毒中的蜂毒肽和磷酸酯酶 A_2，能抑制肿瘤组织的氧化磷酸化过程和抑制组织代谢，而产生对肿瘤的抑制作用。实验中还发现，蜂毒肽对肿瘤的破坏作用，明显大于正常细胞，这对蜂毒应用于肿瘤的治疗提供了基础。

8. **蜂毒对防辐射作用** 蜂毒具一定的抗辐射作用。蜂毒能增强机体的应激能力，减轻辐射损伤的程度，减少由于辐射所引起的细胞染色体畸变的发生。蜂毒具有保护和复苏造血细胞的潜在作用，防止因辐射所引起的骨髓和脾脏退化现象。蜂毒抗辐射的主要成分为蜂毒肽、磷酯酶 A_2 和组胺肽等。

9. **蜂毒对肌肉组织的作用** 蜂毒和蜂毒肽对离体的肠管和子宫均有兴奋的作用，磷酯酶 A_2 有直接兴奋平滑肌的作用。蜂毒有显著提高患关节炎狗的骨骼肌的活动力，但对正常的骨骼肌并无此作用。

10. **蜂毒的其他作用** 蜂毒对机体所表现的生物效应是广泛的，如对神经系统、心血管系统、呼吸系统、内分泌系统、免疫系统和抗炎抗菌等作用。

蜂毒还能降低血液中的胆固醇，减轻心肌梗塞的病理变化，促进新陈代谢，增强机体的抵抗力起着体内免疫剂的作用。

六、蜂毒的安全性

蜂毒要在临床上应用，就要充分考虑其安全性。实验结果表明，蜂毒对哺乳动物作用最强，主要作用点在神经系统和血液系统。一般人同时受到3~5只蜂蜇刺，就会产生局部的反应；200~300只蜂蜇就会引起中毒；短时间内受到蜂蜇500次，可致哺乳动物因神经中枢麻痹而死亡。不同体质的人对蜂蜇的反应不同，过敏性体质的人，有时只要经1次蜂蜇，也可产生严重的反应。大多数人对蜂毒能产生免疫力，常受蜂蜇的人，经一个阶段后会产生免疫力，即使同时受到多只蜂蜇，也不会产生严重的反应。

对蜂毒中毒或过敏反应的症状表现不一，有的人表现为被蜇部位局部红肿，有的人还会出现全身症状，严重者出现休克，甚至死亡。

以上表明，蜂毒有一定毒性，但机体产生中毒与蜂毒的量有一定的关系。临床实践证明，临床蜂毒疗法的治疗剂量与人体中毒的剂量相差很远，与人的致死量（1.4 毫克/千克）相差更为悬殊。在临床治疗中，约有 20% 的人出现不同程度的反应，其中有 0.2% 的人出现严重的中毒反应，但未见有因蜂毒治疗致死的报道。因此，蜂毒疗法还是一种安全指数较高的自然治疗法。

为安全起见，临床上使用蜂毒治疗时，要先进行诊断性皮试，皮试合格者才能进行蜂毒治疗，这一点是极为必要的，不能忽视，否则，会引起严重的后果，蜂疗工作者一定要严格遵守。

七、蜂毒的临床应用

蜂毒在临床治疗上，对很多常见病和一些奇难杂症有意想不到的疗效。

1. 常见病的治疗

（1）结缔组织病　这类病常见的是风湿病和风湿性关节炎。对这类病的治疗，其疗效显著，在国内外已有广泛报道。早在 1912 年，鲁道夫·特尔奇用蜂毒治疗 666 例风湿病患者，取得了 554 例痊愈，99 例有效的效果。

（2）神经炎和神经痛　蜂毒对神经炎和神经痛的治疗效果很显著。1960 年，波德罗夫用蜂毒治疗 100 例三叉神经痛患者，全部治愈。我国医疗工作者在临床实践中，用蜂毒治疗面神经炎、偏头痛、枕神经痛和坐骨神经痛等都取得了显著的疗效。

（3）心血管疾病　蜂毒用于治疗高血压动脉粥样硬化症、静脉血栓形成、血栓闭塞性脉管炎都有良好的疗效。1958 年科诺年科用蜂毒治疗高血压患者 830 例，血压降到正常范围的为 289 例，显著降低的有 420 例，无效的为 121 例，取得了有效率为 85% 的疗效。

（4）其他疾病　临床上，蜂毒对面肌痉挛、类风湿性关节炎、痛风、肩周炎、中风后遗症、高血压、心律不齐体表良性瘤、支气管哮喘等病的治疗，都能取得一定的疗效。有报道，蜂毒用于治疗肿瘤、风心病、痴呆症、脉管炎、静脉血栓形成、静脉曲张和肌萎缩等，也取得了意想不到的明显疗效。

2. **蜂疗禁忌症**　蜂毒对很多疾病的确有极为明显的疗效，但蜂毒并不是一种万能药，对有些疾病是不能用蜂毒治疗的。医学工作者在临床实践中，总结出不适宜用蜂毒治疗的禁忌症有：创伤后的脑病伴无力、肺心病、动脉内膜炎、肺结核浸润期和溶解扩散期、急性传染病、动脉压降低、慢性皮肤病和过敏体质的人以及妇女月经期等，都不适宜用蜂毒治疗。对老年人和儿童要慎用。

3. **蜂毒临床应用的方法**

（1）**过敏试验**　在进行蜂毒治疗前，要先进行过敏试验，以观察患者对蜂毒的适应性，确定是否适宜用蜂毒治疗和作为用毒量的参考。

过敏试验的方法是用一只蜜蜂在患者背部的一侧或一边手小臂的内侧蜇刺，10秒钟后拔去蜇针，如果无明显反应，4小时后，在背部另一侧或另一只手小臂内侧，再用1只蜜蜂蜇刺，1分钟后拔去蜇针。如果在30分钟内，皮肤仅轻微红肿，直径在5厘米以内，体温、血压无明显变化，尿糖和尿蛋白阴性，就适于用蜂毒治疗。

如果用来治疗的蜂毒是针剂，可用皮下注射的方法来作过敏试验。第一次用0.25毫升，第二次用0.5毫升，第三次用0.75毫升。每次注射后要检查尿蛋白。

（2）**治疗方法**

①**蜂蜇法**　蜂蜇法是一种传统而古老的蜂疗方法，是以活体蜜蜂直接蜇刺选定部位，使蜂毒进入皮下的方法。由于蜂蜇法能使蜂毒中所有的成分全部进入体内，因此，疗效比较显著，自古至今都是首选的蜂毒疗法。

我国医学工作者在临床实践中，将蜂蜇疗法与祖国传统的针灸医学相结合，利用经络学说，根据病情循经取穴，用不同的手法进针进行治疗，把蜂蜇疗法发展为我国医学上独特的蜂针疗法，其疗效更为卓著。

蜂蜇疗法的具体操作是先对病人选好蜂蜇部位（一般为痛点

加根据经络学说选取的其他穴位），对蜇点进行表皮消毒，如果用酒精消毒，要等酒精完全挥发完才能进针。用镊子或手从背部夹住蜜蜂（注意要选用壮年蜂或老年蜂）的胸部，将蜜蜂尾部对准选定的皮肤部位，受到刺激的蜜蜂就会把蜇针刺入人体内，把蜜蜂拉开，其蜇针连同毒囊和腹部末节就会折断在人体表皮上，毒囊还会继续有节奏收缩滑动，把毒液"注射"进入人体内，可视具体病情，不留针或留针 10 分钟，然后把蜇针拔掉。

治疗刚开始，病人一次可用 2～6 只蜂，等病人适应后可逐渐增加用蜂只数，但一天用量不宜超过 20～40 只。一般可每天治疗一次，也可每隔 1～2 天治疗一次。每次治疗后，要留诊观察 30 分钟，无不良反应后方可离去。

为了减轻病人的痛感，在蜇刺前可在皮肤上用一些有止痛作用的药物，如运动员使用的止痛喷雾剂（俗称神仙水）喷雾、奴佛卡因浸润等。

②散刺法　散刺法是用镊子夹住蜜蜂的尾部，将毒囊连同蜇针一同拉出，然后对准选好的部位进行快速蜇刺，当蜇针刚进皮肤时，即把它提起再用于刺第二个点，连续可在同一个穴位刺 3～4 个点，最后把针留在中间一点上。这种方法对一些敏感部位很适用。有的医生是利用活体蜂进行此法的操作，动作要快。

③注射法　注射法是用注射器将蜂毒制剂注射入相应穴位及痛点的皮下或深层肌肉。这种方法在使用上比较方便，尤其很适于无法养蜂的地方使用，缺点是疗效不如蜂蜇法好。

④外涂法　外涂法是将蜂毒做成软膏或油剂，涂于患处或作按摩时的按摩膏使用。此法有局部消肿止痛的作用，对肌肉疼痛、骨关节痛和风湿痛等，有良好的疗效。

⑤电离子导入法　电离子导入法是将蜂毒用电离子导入机，导入机体内的方法。由于蜂毒的有效成分易受到消化道中的酸和酶所破坏，因此不能口服。借助电离子导入机，可把蜂毒带入机体内的血液里，对皮肤无损伤，无疼痛，只是在通电部位局部略有充

血现象。

⑥蒸汽吸入法　蒸汽吸入法是把蜂毒用超声雾化器进行雾化，病人通过导管吸入到肺里的方法。由于肺部的肺泡面积很大，且布满了毛细血管，因此，蜂毒被吸入肺里后，很快就会进入血液里。蒸汽吸入法对支气管哮喘、慢性支气管炎和上呼吸道感染等有明显的疗效。

⑦超声导入法　超声导入法是用超声波治疗机，以蜂毒软膏等为接触剂，进行超声导入的方法，方法简便，对多种疾病的很好的疗效。

八、蜂毒制品

把蜂毒制成各种制剂，以方便于临床上的使用，有的制剂在生产过程，还要除去一些对人体有严重副作用的物质，使用上更加安全。但很多蜂毒制剂其有效成分在不同程度上受到破坏，疗效往往不如直接用蜂蜇法。

1. 针剂　蜂毒针剂有水剂针剂、油剂针剂和冻干粉针剂三种。水剂注射液容易失效，保存期较短，干粉针剂可保存数年而不变质，临使用时用水稀释即可。

2. 软膏　蜂毒软膏是用蜂毒加进其他药物和添加剂制作而成，方便患者自行外用。

九、蜂毒治疗的一些问题

1. 蜂毒过敏现象和处理　不同的人对蜂毒的反应不同，但绝大多数人在进行蜂蜇治疗时，都会出现不同程度的反应，在被蜂蜇的部位首先出现痛、红、肿，继之出现瘙痒的现象，这种局部反应，一般经过几小时到几天就会自行消失。

有极少数人对蜂毒很敏感，有可能产生中毒现象。对蜂毒敏感的人，蜂蜇后在出现局部反应的同时，有可能在进针后马上出现全身症状，但表现不一。轻者出现头晕、胸闷气促、个别出现肌肉抽搐,症状可持续1～3天或更长时间。严重者出现恶心、头痛、大汗、呕吐,腹痛腹泻、全身出现潮红、荨麻疹、瘙痒、发热、血压下降、红细胞溶解、血红蛋白尿、短暂意识障碍、甚至出现休克等症状。

为了防止患者在蜂蜇时出现严重过敏现象,在作蜂蜇治疗前,应严格先做过敏试验,治疗时用蜂量要从少量1～2只开始,逐渐增加。在蜂蜇治疗过程中,如果发生较严重的蜂毒过敏现象,应立即拔掉蜇刺在身上的蜇针,局部涂以10%～12%的氨水溶液,或10%金盏花溶液,然后给予抗过敏治疗。可服用大量的糖水或蜂蜜水,用苯海拉明,安乃近等进行治疗,但严禁使用氯丙嗪。对蜂毒过敏极度严重的、无抢救条件的,应立即送医院治疗。

2. 平时被蜂蜇后的处理方法　除了蜂疗外,平时也有人遭到蜜蜂蜇刺,在这里,顺便介绍一下被蜂蜇后的处理方法。

蜜蜂只有在受到刺激后才会用蜇针攻击入侵者,在蜇刺后,蜜蜂会因蜇针断折而死亡,因此蜜蜂平时不轻易蜇人。如万一刺激了蜜蜂,要想办法尽快离开,如有蜜蜂追赶,可穿过低矮的树层,一般即可摆脱。被蜂蜇后,立即用指甲刮去蜇针,用水反复冲洗,有条件的,用碱性肥皂水洗,或10%的氨水涂搽。出现过敏,要进行抗过敏治疗。

重点难点提示

1. 蜂毒是蜜蜂尾部毒囊贮存的一种用于自卫的液体,当蜜蜂用螫针刺入人体时,就会把毒液射进人体内。其主要成分是蛋白多肽、生物胺、酶类等。令人生畏的蜂毒,价比黄金贵十倍,对风湿病和奇难杂症有着意想不到的疗效。蜂毒的使用需在医生的指导下使用,过敏性体质的人禁用。

2. 蜂毒的有效成分和对人体的生理作用。

附　录

为使读者对蜂产品有关标准中的理化指标有所了解,做了如下摘录。

NY 5134—2008

一、无公害食品　蜂蜜

（摘要）

（农业部 2008 年 5 月 16 日颁布,
2008 年 7 月 1 日开始实施）

1.1　感官指标

项目	指　　标
色泽	具有该品种所特有的色泽,依品种不同从水白色至深琥珀色或深色
气味与滋味	单花种蜂蜜有该种蜜源植物或花的香气,口感甜润或甜腻。某些品种略有微苦、涩等刺激味。无酸味、酒味等其他异味
状态	常温下呈透明、半透明黏稠流体或结晶状,无发酵,无杂质

1.2　理化指标

项　目	指　标
水分,g/100g	≤24
果糖和葡萄糖含量,g/100g	≥60

（续）

项　目	指　标
蔗糖，g/100g	≤5
淀粉酶活性（1%淀粉溶液），（mL/g·h）	≥4
羟甲基糠醛（HMF），mg/kg	≤40

注：荔枝蜂蜜、龙眼蜂蜜、柑橘蜂蜜、鹅掌柴蜂蜜等蜜种淀粉酶活性指标≥2mL（g·h），桉树蜜、柑橘蜜和紫苜蓿等蔗糖含量≤10g/100g

1.3　微生物指标

项　目	指　标
菌落总数，cfu/g	≤1 000
大肠菌群，MPN/100g	≤30
霉菌总数，cfu/g	≤200
致病菌（沙门氏菌、志贺氏菌、金黄色葡萄球菌、溶血性链球菌）	不得检出

1.4　有毒有害物质限量

项　目	指标
铅（以 Pb 计），mg/kg	≤1.0
双甲脒，mg/kg	≤0.2
氟胺氰菊酯，mg/kg	≤0.05
四环素族抗生素，mg/kg	≤0.05
氯霉素	不得检出
磺胺类（磺胺醋酰、磺胺吡啶、磺胺甲基嘧啶、磺胺甲基哒嗪、磺胺对甲基嘧啶、磺胺氯哒嗪、磺胺甲基异噁唑、磺胺二甲氧嘧啶），mg/kg	≤0.05

注：其他兽药、农药最高残留限量和有毒物质限量应符合国家有关规定

二、无公害食品　蜂王浆与蜂王浆冻干粉

（摘要）

（农业部 2002 年 7 月 25 日颁布，

2002 年 9 月 1 日开始实施）

2.1　感官要求

项目	蜂王浆	蜂王浆冻干粉
颜色	乳白、淡黄、黄红色，以及少量蜜源植物花粉颜色	乳白、淡黄、黄红色
状态	乳浆状、微粘有光泽感，不得有胶状物呈现	粉末状，颗粒均匀一致，不得有粘着状
气味	有本品特有香气，气味纯正；不得有发酵、发臭等异味	有本品特有香气，气味纯正；不得有焦糊和发臭等异味
滋味	有酸、涩带辛辣味，回味略甜，不得有异味	
杂物	无幼虫、蜡屑等杂物，不得有外来异物	

2.2　理化指标

项　目		蜂王浆	蜂王浆冻干粉
水分／（g/100g）	≤	70	7
蛋白质／（g/100g）	≥	11	33
酸度（1mol/mL×mLNaOH/100g）	≤	30～53	—
灰分／（g/100g）	≤	1.5	5
总糖（以葡萄糖计）／（g/100g）	≤	15	50
淀粉／		不得检出	
10-羟基-α-癸烯酸／（g/100g）	≥	1.4	4.2

2.3 卫生安全指标

项　　　目		蜂王浆	蜂王浆冻干粉
菌落总数/（cfu/g）	≤	1 000	10 000
大肠菌群/（MPN/100g）	≤	90	
霉菌/（cfu/g）	≤	50	
酵母/（cfu/g）	≤	50	
致病菌（系指肠道致病菌或致病性球菌）		不得检出	
砷（以 As 计）/（mg/kg）	≤	0.3	
铅（以 Pb 计）/（mg/kg）	≤	0.5	

NY 5137—2002

三、无公害食品　蜂花粉

（摘要）

（农业部 2002 年 7 月 25 日颁布，
2002 年 9 月 1 日开始实施）

3.1 感官要求

具有蜂花粉的自然品质特征，无虫蛀，无霉变，无异味，不添加任何其他物质。杂质含量在 1% 以内。

3.2 理化指标

项　　　目	指　标
水分/（%）	≤8
蛋白质/（%）	≥15

（续）

项　　目	指　　标
灰分/（％）	≤4

3.3　单一品种蜂花粉的特殊指标

特　殊　要　求

项　　目	指　　标
单一品种蜂花粉率/（％）	≥85

3.4　卫生安全指标

项　　目	指　　标
铅（以 Pb 计）/（mg/kg）	≤1
六六六/（mg/kg）	≤0.05
滴滴涕/（mg/kg）	≤0.05
菌落总数/（cfu/g）	≤1 000
大肠杆菌/（MPN/100g）	≤30
致病菌（指肠道致病菌、致病性球菌）	不得检出
霉菌总数/（cfu/g）	≤200

NY 5136—2002

四、无公害食品　蜂胶

（摘要）

（农业部 2002 年 7 月 25 日颁布，

2002 年 9 月 1 日开始实施）

4.1　感官指标

状态	不透明的团块或碎片，在35℃以上逐渐变软，有粘性和可塑性
气味	有明显的芳香味
色泽	褐色、灰褐、暗绿、灰黑色等，有光泽
滋味	有明显的辛辣感

4.2 理化指标

项　目	指　标
总黄酮含量/（％）	≥8
氧化时间/s	≤22
75％乙醇提取物含量/（％）	≥55
蜂蜡和75％乙醇不溶物含量/（％）	≤45

4.3 微生物指标

项　目	指　标
菌落总数/（cfu/g）	≤1 000
大肠菌群/（MPN/100g）	≤30
霉菌及酵母菌数/（cfu/g）	≤200
致病菌	不得检出

4.4 有毒有害物质限量

项　目	指标
铅（以Pb计）/（mg/kg）	≤1
砷（以As计）/（mg/kg）	≤0.3
汞/（mg/kg）	≤0.3
六六六/（mg/kg）	≤0.05
滴滴涕/（mg/kg）	≤0.05

(续)

项　目	指标
氟胺氰菊脂/（mg/kg）	≤0.05

GB 18796—2005

五、蜂　蜜

（摘要）

1　蜂蜜定义

蜜蜂采集植物的花蜜、分泌物或蜜露，与自身分泌物结合后，经充分酿造而成的天然甜物质。

2　感官要求（见附表）

2.1　色泽

依蜜源品种不同，由水白色（几乎无色）、白色、特浅琥珀色、浅琥珀色、琥珀色至深色（暗褐色）。常见单一花种蜂蜜的色泽见附录 A。

2.2　气味

有蜜源植物的花的气味。单一花种蜂蜜有这种蜜源植物的花的气味。没有酸或酒的挥发性气味和其他异味。

2.3　滋味

依蜜源品种不同，甜、甜润或甜腻。某些品种有微苦、涩等刺激味道。常见单一花种蜂蜜的滋味见附录 A。

注：甜润指感觉舒适的甜味感，甜腻指感觉过于甜的甜味感。

2.4　状态

a) 常温下呈黏稠流体状，或部分及全部结晶；

b）不含蜜蜂肢体、幼虫、蜡屑及其他肉眼可见杂物；

c）没有发酵症状。

3 理化要求

表 1 强制性理化要求

项　目		一级品	二级品
水分（%）	≤		
除下款以外的品种		20	24
荔枝蜂蜜、龙眼蜂蜜、柑橘蜂蜜、鹅掌柴蜂蜜、乌桕蜂蜜		23	26
果糖和葡萄糖含量（%）	≥	60	
蔗糖含量（%）	≤		
除下款以外的品种		5	
桉树蜂蜜、柑橘蜂蜜、紫苜蓿蜂蜜		10	

推荐性理化要求

推荐性理化要求见表 2。这些要求是生产方（加工方）自愿采用或合同双方协商规定的要求，不作为官方机构强制性要求。但鼓励生产方（加工方）采用这些要求。

表 2 推荐性理化要求

项　目		一级品	二级品
酸度（1mol/L 氢氧化钠）/（ml/kg）	≤	40	
羟甲基糠醛/（mg/kg）	≤	40	
淀粉酶活性（1%淀粉溶液）/mL/（g·h）≥除下款以外的品种		4	
荔枝蜂蜜、龙眼蜂蜜、柑橘蜂蜜、鹅掌柴蜂蜜		2	
灰分（%）	≤	0.4	

附录 A（规范性附录）
常见单一花种蜂蜜的感官特性

产品名称	蜜源植物	色泽	气味/滋味	结晶状态
桉树蜂蜜	桃金娘科　桉属　大叶桉 *Eucalyptus robusta* Smith	琥珀色、深色	有桉醇味。甜，微涩	易结晶。结晶暗黄色，粒粗
	桃金娘科　桉属　隆缘桉 *Eucalyptus exserta* F. Muuell	琥珀色、深色	有桉醇味。甜，微酸	易结晶，结晶暗黄色，粒粗
	桃金娘科　桉属　柠檬桉 *Eucalyptus citriodora* Hook. f.	琥珀色、深色	有柠檬香味。甜，微涩	易结晶。结晶暗黄色，粒粗
白刺花蜂蜜	豆科　白刺花 *sophora viciifolia* Hance	浅琥珀色	清香。甜润	结晶乳白，细腻
草木樨蜂蜜	豆科　黄香草木樨 *Melilotus officinalis*（L）Desr.	浅琥珀色	清香。甜润	结晶乳白，细腻
	豆科　白香草木樨 *Melilotus albus* Desr.	水白色、白色	清香。甜润	结晶乳白，细腻
刺槐蜂蜜 （洋槐蜂蜜）	豆科　刺槐 *Robina pseudoacacia* L.	水白色，白色	清香。甜润	不易结晶。偶有结晶乳白细腻
椴树蜂蜜	椴树科　紫椴 *Tilia amurensis* Rupr.	特浅琥珀色	香味浓。甜润	易结晶，结晶乳白，细腻
	椴树科　糠椴 *Tilia mandschurica* Rupr et Maxin.	特浅琥珀色	甜润	易结晶，结晶乳白，细腻
鹅掌柴蜂蜜（鸭脚木蜂蜜）	五加科　鹅掌柴 *Scheffliera octophylla* Harms.	浅琥珀色、琥珀色	甜，微苦	易结晶，结晶乳白，细腻
柑橘蜂蜜（柑桔蜂蜜）	芸香科　柑橘 *Citrus reticulata* Blanco.	浅琥珀色	香味浓。甜润	易结晶，结晶乳白细腻
胡枝子蜂蜜	豆科　胡枝子 *Lespedeza bicolor* Turcz.	浅琥珀色	略香。甜润	易结晶，结晶乳白，细腻

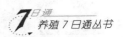

（续）

产品名称	蜜源植物	色泽	气味/滋味	结晶状态
荆条蜂蜜（荆花蜂蜜）	马鞭草科　荆条 *Vitex negundo var. heterophylla* Franch. Rehd.	浅琥珀色	略香。 甜润	易结晶，结晶乳白、细腻
老瓜头蜂蜜	萝摩科　老瓜头 *Cynanchum romarovii* Al. Iljinski	浅琥珀色	有香味。 甜腻	结晶乳白色
荔枝蜂蜜	无患子科　荔枝 *Litchi chinensis* Sonn.	浅琥珀色	香味浓。 甜润	易结晶，结晶乳白、粒细
柃属蜂蜜（野桂花蜂蜜）	山茶科　柃属 *Eurya*	水白色、白色	清香。 甜润	不易结晶。偶有结晶乳白细腻
龙眼蜂蜜	无患子科　龙眼 *Dimocarpus longan* Lour.	琥珀色	有香味。 甜润	不易结晶。偶有结晶琥珀色，颗粒略粗
密花香薷蜂蜜（野薷香蜂蜜）	唇形科　密花香薷 *Elsholtzia densa* Benth.	浅琥珀色	有香味。甜	结晶粒细
棉花蜂蜜	锦葵科　陆地棉 *Gossypium hirsutum* L.	浅琥珀色、琥珀色	无香味。甜	易结晶，结晶乳白、粒细、硬
棉花蜂蜜	锦葵科　海岛棉 *Gossypium barbadense* L.	浅琥珀色、琥珀色	无香味。甜	易结晶，结晶乳白、粒细、硬
枇杷蜂蜜	蔷薇科　枇杷 *Friobotrya japonica*（Thunb.） Lindl.	浅琥珀色	有香味。 甜润	结晶乳白，颗粒略粗
荞麦蜂蜜	蓼科　荞麦 *Fagopyrum esculentum* MoenCh.	深琥珀色	有刺激味。 甜腻	易结晶，结晶琥珀色、粒粗

（续）

产品名称	蜜源植物	色泽	气味/滋味	结晶状态
乌柏蜂蜜	大戟科　乌柏 *Sapium Sebiferum*（L.）Roxb.	琥珀色	甜味略淡， 微酸	易结晶，结晶 暗黄，粒粗
	大戟科　山乌柏 *Sapium discotor*（Champ.） Muell.-Arg	琥珀色	甜味略淡	易结晶，结晶 微黄，粒粗
向日葵蜂蜜 （葵花蜂蜜）	菊科　向日葵 *Helianthus annuus* L.	浅琥珀色、 琥珀色	有香味。 甜润	易结晶， 结晶微黄
野坝子蜂蜜	唇形科　野坝子 *Elsholtzia rugulosa* Hemsl.	浅琥珀色， 略带绿色	有香味。 甜	极易结晶，结 晶分粗细两种， 细腻的质硬
野豌豆蜂蜜 （苕子蜂蜜）	豆科　广布野豌豆 *Vicia sativa* L.	浅琥珀色	清香。 甜润	结晶细腻
	豆科　长柔毛野豌豆 *Vicia villosa* Roth.	特浅琥珀色	清香。 甜润	结晶细腻
油菜蜂蜜	十字花科　油菜 *Brassica campestris* L.	琥珀色	甜，略有辛 辣或草青味	极易结晶，结晶 乳白、细腻
枣树蜂蜜 （枣花蜂蜜）	鼠李科　枣 *Zizyphus jujuba* Mill. var. *inermis*（Bunge.）Re- hd.	浅琥珀色、 琥珀色、 深色	甜腻	不易结晶
芝麻蜂蜜	胡麻科　芝麻 *Sesamum orientale* L.	浅琥珀色、 琥珀色	有香味。 甜，略酸	结晶乳白色
紫花木樨蜂蜜	豆科　紫花木樨 *Medicago sativa* L.	浅琥珀色	有香味。 甜	易结晶，结晶 乳白，粒粗
紫云英蜂蜜	豆科　紫云英 *Astragalus sinius* L.	白色、特浅 琥珀色	清香。甜腻	不易结晶，偶有 结晶乳白、细腻

注：色泽的描述采用 SN/T 0852—2000 标准中第 3.2 条用词。依水分含量不同，色泽、气味和滋味略有差异。

六、蜂 王 浆

（摘要）

（农业部 2008 年 6 月 27 日颁布，
2009 年 1 月 1 日开始实施）

1　感官要求

1.1　色泽

无论是黏浆状态还是冰冻状态，都应是乳白色、淡黄色或浅橙色，有光泽。冰冻状态时还有冰晶的光泽。

1.2　气味

黏浆状态时，应有类似花蜜或花粉的香味和辛香味。气味纯正，不得有发酵、酸败气味。

1.3　滋味和口感

黏浆状态时，有明显的酸、涩味，辛辣和甜味感，上颚和咽喉有刺激感。咽下或吐出后，咽喉刺激感仍会存留一些时间。冰冻状态时，初品尝有颗粒感，逐渐消失，并出现与黏状态同样的口感。

1.4　状态

常温下或解冻后呈粘浆状，具有流动性。不应有气泡和杂质（如蜡屑等）。

1.5　等级

根据理化品质，蜂王浆分为优等品和合格品两个等级。

1.6　理化要求

项　目		优等品	合格品
水分%	≤	67.5	69.0

（续）

项　　目		优等品	合格品
10-羟基-α-癸烯酸/%	≥	1.8	1.4
蛋白质（%）	≥	11～16	
酸度（1mol/L NaOH）/mL/100g		30～53	
灰分/%	≤	1.5	
总糖（以葡萄糖计）（%）	≤	15	
淀粉		不得检出	

GB/T 24283—2009

七、蜂　　胶

（摘要）

（农业部 2009 年 7 月 8 日颁布，
2009 年 12 月 1 日开始实施）

1　感官指标

项目	特　　征
色泽	棕黄色、棕红色、褐色、黄褐色、灰褐色、青绿色、灰黑色等，有光泽
状态	团块或碎渣状，不透明，约 30℃ 以上随温度升高逐渐变软，且有黏性
气味	有蜂胶所特有的芳香气味，燃烧时有树脂乳香气，无异味
滋味	微苦、略涩，有微麻感和辛辣感

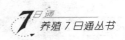
2 理化指标

项 目	特 征
结构	断面结构紧密
色泽	棕色、褐色、黑褐色，有光泽
状态	固体状，约30℃以上随温度升高逐渐变软，且有粘性
气味	有蜂胶所特有的芳香气味，燃烧时有树脂乳香气，无异味
滋味	微苦、略涩，有微麻感和辛辣感

3 蜂胶及蜂胶提取物的理化要求

项 目		蜂胶		蜂胶乙醇提取物	
		一级品	二级品	一级品	二级品
乙醇提取物含量（g/100g）	≥	60	40	95	
总黄酮含量	≤	15	8	20	17
氧化时间（s）	≤	22			

主要参考文献

陈耀春．1993．中国蜂业［M］．北京：农业出版社．

陈世壁．1988．蜜蜂产品保鲜、加工和利用［M］．北京：科学普及出版社．

福建农学院主编．1981．养蜂学［M］．福州：福建科学出版社．

房柱．1999．蜂胶［M］．太原：山西科学技术出版社．

甘家铭，罗辅林主编．1996．蜂产品与蜂疗．蜜蜂杂志．

李海风．1989．蜂国情趣［M］．兰州：甘肃科学出版社．

李勇．1995．蜜蜂产品［M］．济南：山东科学技术出版社．

刘富海．1998．神奇蜂胶疗法［M］．北京：中国农业出版社．

罗岳雄．1999．神奇蜂产品［M］．广州：广东经济出版社．

敏涛．1995．蜂蜜治病680方［M］．南昌：江西科学技术出版社．

乔庭昆．1993．中国蜂业简史［M］．北京：中国医药科技出版社．

乔庭昆．1995．古代蜂业文献译注［M］．北京：中国科技出版社．

乔庭昆．1994．蜂王浆［M］．北京：科学普及出版社．

王振山．1996．蜂产品消费指南［M］．北京：中国农业科技出版社．

王金庸．1997．中医蜂疗学［M］．沈阳：沈阳出版社．

徐景耀．1984．蜂蜜［M］．北京：农业出版社．

徐景耀．1991．蜜蜂花粉研究与利用［M］．北京：中国医药科技出版社．

曾志将．1993．蜂产品与人类健康［M］．北京：北京农业大学出版社．

结 束 语

神奇的蜂产品，给人类的健康长寿带来了福音。看到琳琅满目的蜂产品，很多消费者不知选用什么蜂产品才适合于自己，如何选择食用蜂产品效果更佳呢？根据医学资料记载、临床验证和消费者反馈意见总结，在本书结束之前，在这里推荐的蜂产品配合使用，供参考。

- 长期保健：蜂王浆、蜂胶、蜂王胎、蜂蜜或蜂花粉。
- 便秘：蜂蜜＋蜂花粉、蜂蜜＋蜂王浆。
- 养颜美容：蜂花粉、蜂王浆、蜂胶。
- 胃肠溃疡：蜂胶、蜂王浆（胶囊或含片）。
- 肝病：蜂蜜＋蜂王浆、蜂胶。
- 糖尿病：蜂胶、蜂王浆。
- 口腔溃疡：蜂胶或蜂蜜（食用＋涂患处）。
- 神经衰弱：蜂王浆、蜂花粉、蜂蜜、蜂王胎。
- 食欲不振：蜂王浆。
- 癌症患者：蜂王浆、蜂胶、蜂王胎。
- 感冒、咳嗽、咽炎：蜂胶、浓茶加蜂蜜。
- 肥胖症、前列腺炎、脂肪肝：蜂花粉、蜂胶。
- 高血压、高血脂、心脏病：蜂胶、蜂王浆。
- 性功能障碍：蜂花粉、蜂王浆、蜂王胎、雄蜂蛹。
- 风湿病、关节炎：蜂王浆、蜂毒疗法、蜡疗。

● 牙痛：蜂胶（滴患处）。

● 手术后调理：蜂王浆、蜂花粉、蜂王胎。

● 更年期综合征：蜂王浆、蜂花粉、蜂王胎。

● 年老、体弱：蜂王浆、蜂胶、蜂花粉、蜂王胎。

● 过度疲劳：蜂王浆、蜂花粉、蜂王胎、雄蜂蛹。

● 哮喘、支气管炎：蜂胶、蜂王浆。

● 带状疱疹、皮炎：蜂胶（内服、外用）。

● 意外皮肤伤害（刀伤、创伤、挫伤）：蜂胶（外用）。

● 轻度水火烫伤：蜂蜜外涂。

以上推荐的配伍，消费者可根据自身实际条件选用。要注意的是，蜂产品是一种保健食品，不是药品，不能一食见效，需要食用一个阶段，且要持之以恒，才能起作用。

蜜蜂全身都是宝，为了人类的健康，小小蜜蜂功不可没。《蜂产品与健康 7 日通》，作为一本宣传、推广蜂产品的科普读物，在各个部门的支持下，完成其编写工作，希望这本书能有助于蜂产品经营企业对蜂产品的科普宣传，提高广大读者对蜂产品的认识，促进蜂产品的利用，对提高广大人民群众的健康水平起到一定作用，为促进我国的养蜂事业作一点微薄的贡献，这是我们的心愿。